AF536801

think
smart!

SMARTBUSINESSCONCEPTS

Business Model Produkt-Treppe

3. Auflage
Smart Business Concepts
ISBN: 978-3-943895-85-8

www.smartbusinessconcepts.de

Copyright

Druck:
Grafisches Centrum Cuno GmbH & Co. KG
Gewerbering West 27, 39240 Calbe

Verlag:
Smart Business Concepts
Conta Gromberg Communication GmbH & Co. KG
Reindorfer Schulweg 42 B, 21266 Jesteburg
verlag@smart-business-concepts.de

Markenrechte Produkt-Treppe®

Der Begriff „Produkttreppe" / „Produkt-Treppe" ist als Wortmarke eingetragen und darf nur für die ebenfalls geschützte Produkt-Treppe® genutzt werden. Andere Grafiken dürfen nicht mit der Überschrift „Produkt-Treppe" versehen werden.

Nähere Informationen zum Gebrauch siehe: smartbusinessconcepts.de/material

Haftungsausschluss

Alle Angaben in diesem Buch wurden sorgfältig recherchiert und bearbeitet. Die Autoren und der Verlag übernehmen aber keine Gewähr und haften nicht für die Angaben oder etwaige Verluste, die aufgrund der Umsetzung von Gedanken oder Ideen entstehen, oder die Folgen von Irrtümern, mit denen der Text behaftet sein könnte.

Die im Buch gezeigten visuellen Geschäftsmodell-Analysen mit Hilfe der Produkt-Treppe® sind Reduktionen. In der Wirklichkeit sind Modelle komplexer. Zur besseren Verständlichkeit werden Sachverhalte und Zahlen vereinfacht dargestellt. Die im Buch verwendeten Internetadressen entsprechen dem Stand der Drucklegung. Die Autoren und der Verlag übernehmen keine Gewähr für Aktualität und Inhalt der Internetseiten oder Links.

Brigitte Conta Gromberg
Ehrenfried Conta Gromberg

Business Model PRODUKT TREPPE

Das intuitive Tool für Solopreneure, Selbstständige, Experten und Projektleiter

Wie Sie gezielt Ihre Arbeitsfreiheit steigern und smarte Konzepte agil steuern

Vorwort

Bernd Oestereich

Werkstatt für kollegiale Führung

Gehen Sie mit sich in einen leidenschaftlichen Dialog

Seitdem sich herumgesprochen hat, dass unsere Welt immer komplexer wird, können wir uns vor Büchern zum Thema kaum retten. Jeden Tag erscheinen neue und jedes beschreibt das Phänomen – und was daraus zu folgen hat – aus einer etwas anderen Perspektive.

Über das hier vorliegende Buch freue ich mich sehr, denn es ragt heraus. Die Autoren haben es nicht geschrieben, um sich das Thema zu erschließen oder ihren Blickwinkel darauf zu verbreiten. Sie haben die Materie seit langer Zeit in großer Tiefe durchdrungen und wissen, wovon sie schreiben, aus eigener unternehmerischer Praxis und aus der vielfältigen Begleitung anderer. Dieses Buch enthält erprobtes Erfahrungswissen.

Was mich außerdem an den nachfolgenden Seiten begeistert, ist die Kompaktheit und Prägnanz ihrer Hilfestellungen. Die Metaphern, die Begriffe, die Modelle und die benutzten Unterscheidungen sind klug gewählt und machen es uns als Lesern wirklich angenehm einfach. Wobei es zu Fragen führt, die uns dann möglicherweise radikal herausfordern.

Wer ein neues Business aufziehen oder ein bestehendes ganz neu aufsetzen möchte, der kann sich durch dieses Buch zum Nachdenken, zur kritischen Selbstreflexion und schließlich zu klaren Entscheidungen führen lassen. Es ist kein Lesebuch – das Modell der Produkt-Treppe regt uns an, mit uns selbst in einen leidenschaftlichen Dialog zu gehen, unsere Ideen anders zu sehen und unsere Arbeit noch einmal neu zu erfinden.

Bernd Oestereich

Claudia Schröder
Werkstatt für kollegiale Führung

Anregender Innovationszustand

Ich kenne alle bisher erschienenen smarten Bücher von Brigitte und Ehrenfried Conta Gromberg. Und stelle wiederholt verblüfft fest, wie dieses neue Buch sofort meine interne Traumfabrik anwirft, meine verstaubten Scheinwerfer in dunkle Gehirnwindungen leuchten lässt und mich in einen leichten anregend-stimulierten Innovationszustand versetzt. Wie die beiden das genau machen, habe ich bislang nicht durchschaut.

Gut gefällt mir, dass sie bei ihrem Thema immer wieder auf die Einfachheit und das Wesentliche fokussieren. Das ist meines Erachtens eine hohe Kunst und erfordert viel Erfahrungskompetenz sowie ein situatives Händchen. Etwas wirklich einfach zu machen, ist möglich – aber alles andere als einfach.

Was ich noch darüber hinaus an dem Buch schätze:

Es ist auf den Punkt gebracht, für den praktischen Gebrauch zum gleich Loslegen geschrieben und mit viel Mühe und Liebe fürs pragmatische Detail illustriert. Daher wird auch dieses Buch von uns an Menschen weitergereicht werden, die tolle Ideen haben oder sich im Veränderungsprozess befinden – danke für das feine Buch.

Claudia Schröder

Agile Visualisierungs-Profis und kollegiale Vordenker

Claudia Schröder und Bernd Oestereich sind Unternehmer und Pioniere für kollegial-selbstgeführte Organisationen. Ihr Buch „Das kollegial geführte Unternehmen“ ist im deutschen Sprachraum eines der am meisten verkauften Bücher zu agilen Organisationsprinzipien. Nachdem sie im eigenen Unternehmen viel Erfahrungen dazu sammelten, inspirieren und unterstützen sie seit einigen Jahren viele andere Unternehmerinnen und Unternehmer auf ihrem agilen Weg. In der eigenen Aufstellung gehen Sie zunehmend smarte Wege.

kollegiale-fuehrung.de

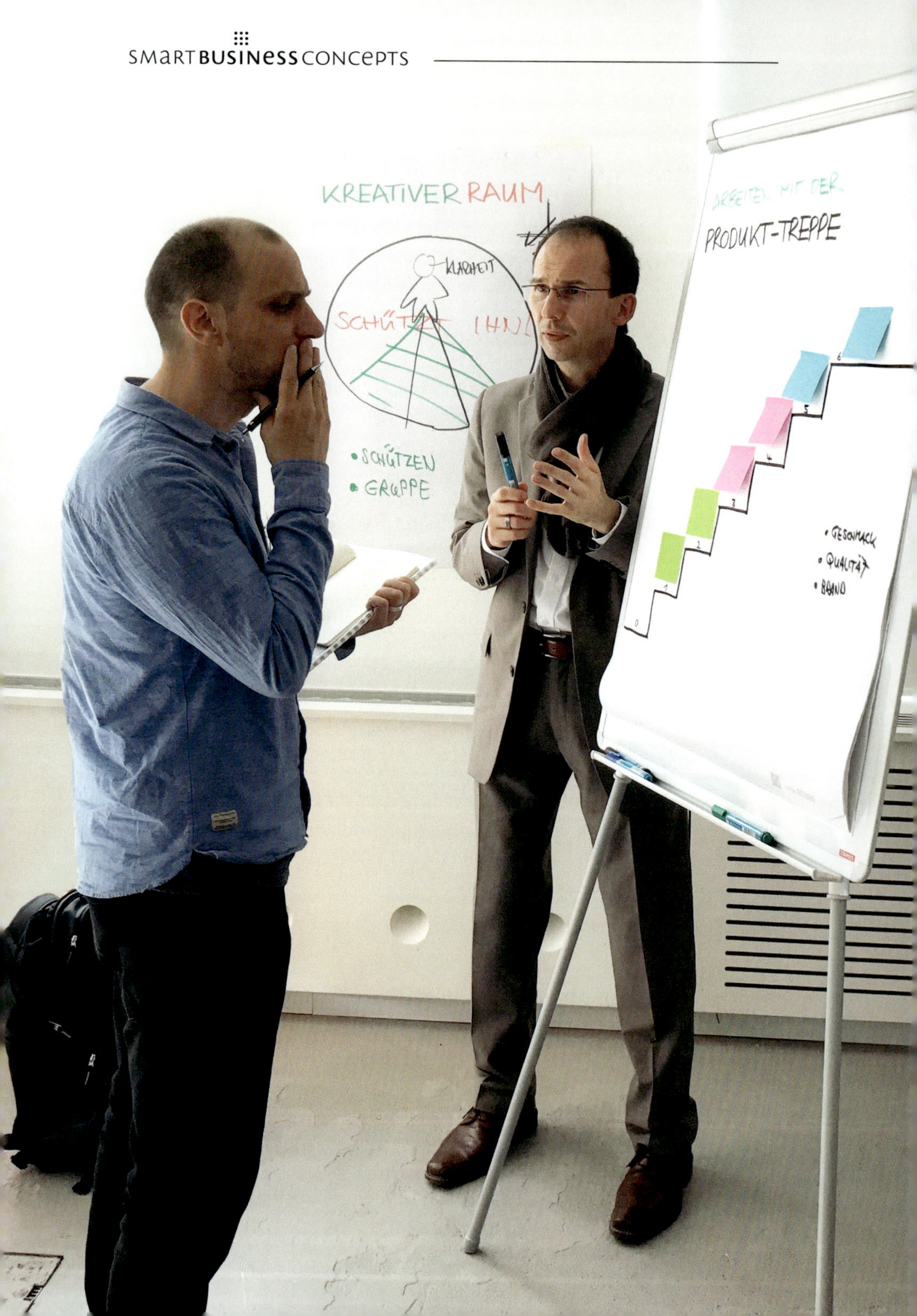
KREATIVER RAUM
KLARHEIT
• SCHÜTZEN
• GRUPPE
ARBEITEN MIT DER
PRODUKT-TREPPE
• GESCHMACK
• QUALITÄT
• BRAND

Wir wollten einfach schneller sein

Die Produkt-Treppe® ist nicht vom Himmel gefallen. Sie entstand in der Arbeit mit digitalen Entrepreneuren in den Jahren 2011 bis 2019. Unser Ziel war es, schlanke und smarte Geschäftskonzepte zu entwickeln.

Das Problem: Die *Business Model Canvas* von Alexander Osterwalder (wir schätzen dieses Werkzeug sehr) war uns zu langsam. Sie benötigt einige Zeit der Einarbeitung, um sie wirklich zu verstehen. In dieser Zeit wollten wir aber schon tief in den Köpfen unserer Mentees sein.

Also probierten wir, wie wir sehr schnell und plastisch Geschäftsmodelle skizzieren können. Warum wir uns für die Treppenform entschieden und dann die drei Produkt-Schichten einführten, dazu mehr im Buch.

Als wir in Workshops und Vorträgen „die Treppe" vorstellten, machte es bei vielen sofort „Klick". Die Produkt-Treppe® hat einen Sogeffekt für das Gehirn und fordert heraus, einfach zu werden.

Das Foto links entstand während einer unserer Intensivgruppen und bringt es auf den Punkt: Ein Tool ist gut, wenn es im Kopf desjenigen, der damit arbeitet, wirklich etwas auslöst.

Wir hoffen, dies ist auch bei Ihnen so.

Ihre

Brigitte Conta Gromberg
Ehrenfried Conta Gromberg

smartbusinessconcepts.de

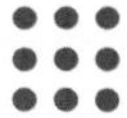

Welches Modell zu welcher Zeit richtig ist

- Wohin wollen Sie? ***Einfachheit*** und fünf andere Tipps
- Warum ***bildhafte Modelle*** das Spiel komplett verändern
- Die wichtigsten ***Business Modelling Tools*** im Überblick
- Erste einfache ***Anwendung*** der Produkt-Treppe®
- Grundlegende ***Fehler*** in Geschäftskonzepten

Bessere Strategien mit der Treppe entwickeln

- Wie sehen Produkt-Treppen in der ***Praxis*** aus?
- Wie funktioniert ein ***Portfolio-Modell***?
- Produkte (Angebote) strategisch in ***Segmente*** ordnen
- ***10-Times-Sprung***, Wunschkunden-Design, neue Produkte denken
- Wie Sie mit Hilfe der Produkt-Treppe® Ihre ***Automatisierungen*** setzen
- ***Marketing-Systeme*** von einfach bis Multi-Entry-System

In der eigenen täglichen Arbeit freier werden

Praxis
- Produkt-Treppe® ganz praktisch, ***von Bleistift bis digital***
- Wie können Sie die ***Produkt-Treppe® nutzen***?

Agil
- Wie führen Sie Ihre Produkte zu einer immer höheren ***Qualität***?
- Alltagstaugliches, ***agiles System***: Von Dateiablage bis Sprintorganisation

Kreativ
- Wie stellen Sie sich der Vielzahl der ***Anforderungen*** professionell?
- Die eigene ***kreative Arbeit*** in fünf Räumen gezielt differenzieren

Business Model Produkt-Treppe

Komplexität ist nicht bewundernswert, sondern zu vermeiden.

Jack Trout, Stefe Rivkin
in „Die Macht des Einfachen“

Kapitel 1 – Halten Sie Ihr Business schlank!

Die Kunst, einfach zu bleiben

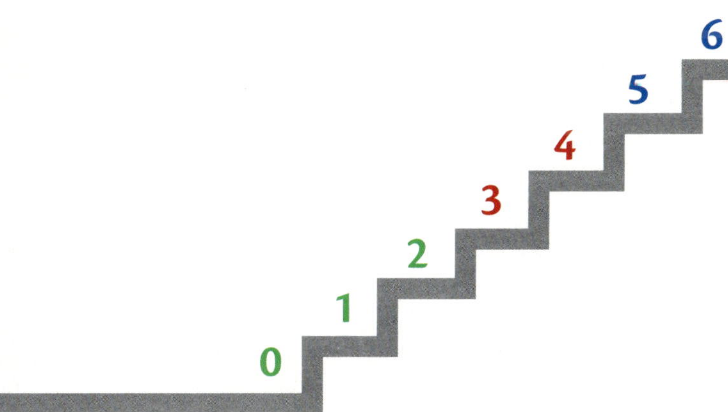

Wissen Sie eigentlich, was Sie wollen?

Sehr häufig überschätzen wir, was wir in unserem Kopf überblicken können. Wir denken, wir könnten uns Ideen merken, Zahlen richtig überschlagen, Abläufe vor Augen behalten. Unsere Erfahrung: Das ist ein Irrtum.

Noch schlimmer: Oft wissen wir gar nicht, was wir wollen.

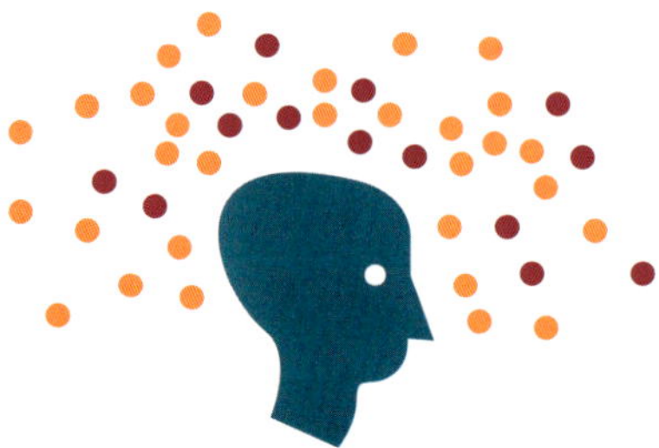

Ihr Kopf braucht etwas Unterstützung

Wir wissen nicht, an welchem Projekt Sie gerade arbeiten. Aber eins wissen wir: Es gibt Momente, da stapeln sich in Ihrem Kopf die Dinge und Sie verlieren die Übersicht. Wir kennen niemanden, der ein *Smart Business* aufbaut, und der nicht irgendwann an einem Punkt stand, bei dem die Entscheidung, was als nächstes kommt, schwer fiel.

- Doch wie ordnen Sie konzeptionelle Gedanken?
- Wie entscheiden Sie, was auf die nächste Handlung folgt?
- Trocken geschriebene Konzept-Papiere findet unser Gehirn langweilig.

Hier hilft ein visuelles Modell. Häufig überschätzen wir, was unser Kopf verarbeiten kann. Sie wollen etwas gestalten und denken: „Das merke ich mir schon." Pustekuchen. Unsere Gedanken laufen ohne ein Geländer allzu leicht aus dem Ruder: Unordnung im Kopf und die Energie fällt sofort.

Mit der Produkt-Treppe® können Sie

- schneller, visuell strategisch denken
- Ihr Produkt-Portfolio folgerichtig planen
- verschiedene Modelle schnell vergleichen / differenzieren
- bessere Entscheidungen treffen (testen, controllen)
- allein oder in Remote-Teams agil arbeiten
- (smarte) Konzepte schneller entwickeln

Die *Produkt-Treppe®* erzeugt für Ihr Gehirn ein einfaches Bild, kann gleichzeitig aber viel. Es ist ein Werkzeug für das zentrale große Bild, das *„Big Picture"*. Wenn Ihnen dieses Bild klar vor Augen steht, können Sie von dort in die Tiefe arbeiten, Sie haben ein „Geländer", an dem Sie sich festhalten.

Bevor Sie in den Folgekapiteln sehen, wie die Produkt-Treppe® konkret funktioniert, begründen wir im ersten Kapitel, warum wir Ihnen zu einem ***strategischen Modell*** raten und ***Einfachheit*** dabei eine hohe Tugend ist.

Durchhalten = Ordnung halten

Warum raten wir Ihnen zu einer einfachen Struktur?

Antwort: Damit Sie in Ihre Ruhe kommen und ein stärkeres Momentum entwickeln. Erfolgreiche Menschen zeichnen sich dadurch aus, dass sie: A) *Dinge beginnen* und B) *Dinge durchhalten, bis sie funktionieren*. Der Faktor B (Durchhalten) ist dabei wesentlich. Wollen Sie zu viele Dinge auf einmal, wird Ihnen das nicht gelingen.

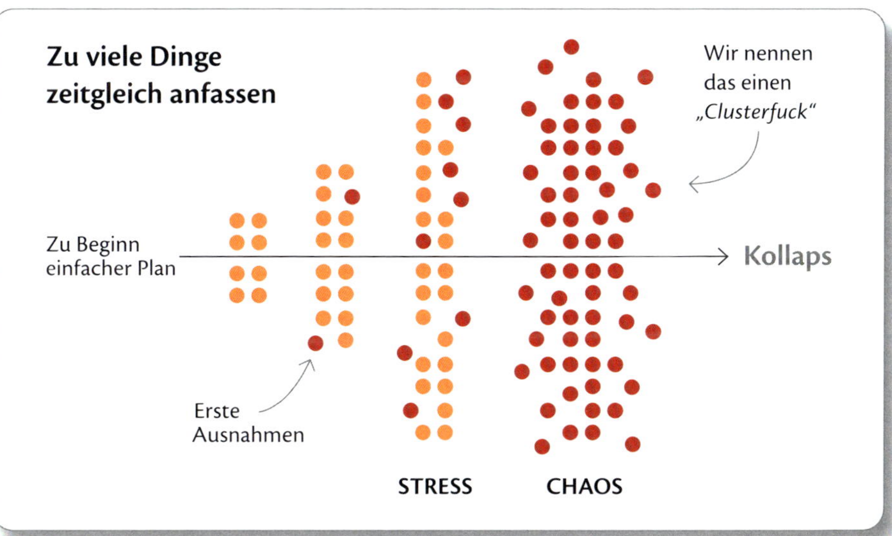

Jedes Ding hat seine eigene Dynamik. Wer ohne ein Modell Dinge startet, lässt sich zu schnell auf Ablenkungen ein. Mit jeder Ausnahme im Ablauf wird Ihr System aber komplizierter, mit jedem Menschen, der neben Ihnen mitsteuert, komplexer. Je mehr Einzelteile und Menschen Sie unverbunden in eine Sache hineinwerfen, um so eher fliegt Ihnen der ganze Laden um die Ohren. Damit Ihnen das nicht passiert, folgen sechs Tipps.

Tipp 1 – Zu viel zu schnell auf einmal ist keine gute Idee

Zufriedenheit hat meist mit Einfachheit zu tun. Wer Erfolg haben will, muss sein Maß finden. Wer den Überblick behält, der kann steuern.

Unsere erste Firma war recht simpel gestrickt. Wir bekamen von Kunden Beratungsaufträge und bearbeiteten sie in klassischer Reihenfolge: *Auftragsbesprechung – Bearbeitung – Lieferung – Rechnungsstellung.* Es war kein superhippes Geschäftsmodell, aber wir waren gründlich und pünktlich. Das reichte, um bei unseren Kunden beliebt zu sein.

Dann wollten wir mehr und wagten uns an einen Internet-Start-up, in den wir alles hineinlegten, was wir uns so vorstellen konnten: Neue Technik, ein neuartiges Geschäftsmodell, viele Features, ein größeres Team. Die New Economy stand damals in Hamburg in voller Blüte und alle taten so, als ob man mit reiner Aktivität Berge versetzen könne. „Geschwindigkeit" wurde als wichtigster Erfolgsfaktor gepredigt. Also ließen wir uns anstecken, schnappten uns eine Idee, gründeten eine zweite Firma, holten uns Mitgesellschafter, sammelten Geld ein und programmierten los.

Sie ahnen, was passierte. Wir gingen mit zu viel ungeklärten Annahmen in die Umsetzung. Zwar stellten wir einiges auf die Beine, gewannen erste Kunden, entwickelten eine Applikation, über deren Umfang wir heute noch staunen, hatten aber so viele Sollbruchstellen im ganzen Projekt, dass wir nach ca. 12 Monaten tief in Problemen steckten. Wir waren alles andere als rentabel und einige Annahmen stimmten einfach nicht. Als dann ausgerechnet vier Wochen nach unserem Onlinestart die Dotcom-Blase platzte, waren wir vollends im Sturm. Alle Investoren gingen in Deckung, eine zweite Finanzierungsrunde war auf dem Hintergrund der Krise nicht mehr vorstellbar, wir bekamen keine zusätzliche Zeit, aus unseren Fehlern zu lernen und verloren unsere zweite Firma. Wir könnten uns herausreden und sagen: *„Das haben damals alle so gemacht, jeder wollte damals so schnell wie möglich etwas auf die Beine stellen".* Aber das ist nur ein Aspekt. Die Wahrheit ist schlichter: Wir haben uns zu viel auf einmal zugemutet und deswegen konnten wir ab einem bestimmten Zeitpunkt die Komplexität der Ereignisse nicht mehr auflösen.

Sie können das heute besser

Wenn wir heute über 20 Jahre später mit Online-Entrepreneuren arbeiten, dann treffen wir immer wieder auf unser altes Ich: Frauen und Männer, die etwas Neues wollen, die auf den ersten Blick überzeugt sind, dass sie sich etwas aufbauen können, die aber bei näherem Hinsehen oft noch keine Klarheit haben, was sie mit ihrem Business eigentlich genau wollen. Das ist nicht gut. Ohne Klarheit bekommen Sie Ihr Ding nicht durch.

Sie können das besser. Sie können mehr Klarheit haben.

Sie wissen heute mehr als wir damals ***und Sie können steuern, wie kompliziert Sie Ihr Modell stricken.*** Der grundlegende Rat, den wir seit unserer Erfahrung in der Dotcom-Krise immer wieder geben, lautet:

Halten Sie Ihr Geschäftskonzept einfach!

Die meisten Geschäftskonzepte sind einfacher Natur. In der Regel müssen Sie nur entdecken, welche Angebote Sie in welcher Reihenfolge in einen guten Prozess bekommen. That´s it. Dieses grundlegende Modell, dieses Kern-Getriebe Ihrer Firma (*Ihrer Selbstständigkeit, Ihres Projektes*), darum geht es. Und der grundsätzliche Rat ist: Halten Sie Ihr Konzept schlank.

Bevor Sie etwas Neues umsetzen, ist es klug, sich das einmal aufzuzeichnen. Eine einfache Skizze ist der erste Schritt, seinen Gedanken auf die Spur zu kommen. Sie brauchen also ein Bild, eine Visualisierung.

Hat man das einmal für sich akzeptiert, stellt sich sofort eine Folgefrage:

- Wie zeichne ich das auf?
- Wie halte ich mein Kern-Geschäftsmodell fest?
- Wie arbeite ich daran?
- Wie merke ich mir, wie die Dinge zusammenhängen?

Hier gibt es verschiedene Ansätze. Die *Produkt-Treppe®* ist ein Portfolio-Modell. Ihr Konzept wird anhand der Angebote (Produkte) visualisiert. Nicht anhand der Wertschöpfungs-Ströme wie bei der *Canvas* oder reinen Zahlen wie bei einem *Business-Plan*. Warum, dazu später mehr.

Tipp 2 – Halten Sie Ihre Visualisierung einfach

Ihr Geschäftskonzept soll einfach werden. Wenn Sie Ihre Skizze beginnen, ist daher der Folge-Tipp: *Halten Sie auch Ihre Visualisierung einfach.* Entsteht eine wilde Zeichnung, durch die andere nicht durchsteigen und bei der auch Sie selbst später nicht mehr genau wissen, was das eigentlich war – wie soll Ihnen das helfen, Dinge klarer zu sehen?

Vielleicht werden Sie sagen: Das ist selbsterklärend. Einfach soll es sein, das ist doch logisch. Unsere eigene Erfahrung und die aus der Begleitung mit angehenden Entrepreneur_innen spricht meist eine andere Sprache. Die Sachen sind nicht so klar. Einfach ist schwer. Die meisten Dinge haben diese blöde Eigenart, von allein kompliziert zu werden.

In der Realität und in Ihrem Kopf.

Die Ideen stapeln sich. *Das hat mit Prioritäten zu tun:* Was hat welche Bedeutung? *Das hat mit Technik zu tun:* Welche Komponenten braucht man dazu? *Das hat mit Marketing zu tun:* Was lohnt sich und wovon sollten Sie lieber die Finger lassen? *Das hat mit Menschen zu tun:* Wer würde mitarbeiten und wenn ja, zu welchen Konditionen? *Das hat mit Geld zu tun:* Man möchte, hat aber nicht genug Geld in der Kasse. *Das hat mit Gesetzen zu tun:* Was dürfen Sie und was nicht? Und so weiter.

Fast immer schieben sich sofort Details in unser Sichtfeld und blockieren das Denken. Lassen Sie das nicht zu. Wenn Sie alles auf einen Schlag klären wollen, explodiert Ihre Zeichnung. So ist eine Mind Map mit allen Aspekten gut zur Stoffsammlung, nicht aber zur Strategie-Planung.

Bei einer strategischen Skizze geht es um Einfachheit. Es geht um das „Big Picture". Viele wollen zu Beginn bereits alles im Detail. Das ist ungefähr so, als wenn Sie die Farbe für die Bodenfliesen eines Ladengeschäftes festlegen, bevor Sie entschieden haben, ob ein Laden mit hohen Fixkosten überhaupt Sinn macht. Bei Online-Konzepten wird oft sofort eine mächtige Website begonnen, ohne sich gefragt zu haben, was Sie eigentlich genau auf Ihrer Seite erreichen wollen. ***Machen Sie das anders: Fangen Sie ganz grundlegend an, ohne Details.***

Halten Sie Ihre Idee einfach

Kümmern Sie sich zuerst um die zentralen Dinge. Halten Sie diese einfach. Immer erst die strategischen Entscheidungen, DANN ERST die Details.

Think Smart Map

Tipp 3 – Denken Sie systemisch

In allen Organisationsformen bricht die Arbeitswelt um und neue Arbeitsmodelle werden möglich. Stichwort „New Work“. Smart zu sein beginnt damit, mit einer System-Landkarte unterwegs zu sein.

- Welche Konzepte gibt es eigentlich?
- Wo ist Ihr Projekt angesiedelt?
- Wohin möchten Sie?

Die ***Think-Smart-Map*** hilft bei einer ersten Orientierung. Kombinationen und gleitende Übergänge sind möglich. Was nicht funktioniert: Wahllos irgendetwas tun. Jeder Geschäfts-Typ hat Stärken und Schwächen, die Sie kennen sollten.

think BIG

Digitalisierung pur, agile angestellte Teams, hoher Kapitaleinsatz

Start-ups

- Plattformen
- E-Commerce
- Biz-Ökosysteme
- Software as a Service
- E-Commerce

• eigener Code
• schaffen neue Infra-Struktur
• oft Plattformen
• oft Service-Designs
• sind die Koponenten

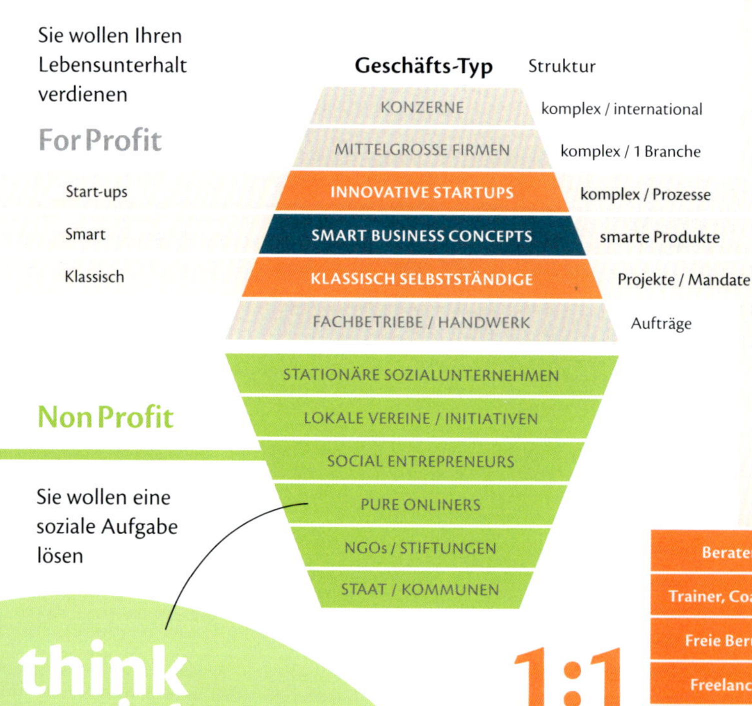

• nutzen Komponenten
• kein eigener Code
• bleiben solo
• flexible Teams
• Bootstrapping

think social

Die sozialen Geschäftsmodelle sind in diesem Buch nicht weiter differenziert. Die Produkt-Treppe® funktioniert aber auch *Non-Profit* bzw. *Social-Profit*. Und gleich, wo Sie Ihr Geld verdienen: Es gibt keinen Planeten B. *Think green!*

1:1

- Berater
- Trainer, Coaches
- Freie Berufe
- Freelancer
- Therapeuten

Klassisch Selbstständige

Das hier sind Zeit gegen Geld-Modelle. Nicht immer stressfrei, aber nach wie vor solide und häufig ein guter Stabilisator auf dem Weg zu prozessorientierten Modellen.

Maker

Produktmodelle

- Tech-Maker
- Food-Maker
- Textil-Maker
- Do it Yourself
- etc.

Smarte Hersteller, die solo oder mit kompakten Teams arbeiten und i.d.R. fertigen lassen. Beispiel in diesem Buch ist STERNGLAS.

Händler

Sortimentsmodelle

- Amazon FBA
- Nischen-Shop
- 1-Produkt-Shop
- über Retailer
- Multi-Channel

Smarte Händler. Oft mit Nischen-Shops oder kompakten Sortimenten auf den großen Plattformen wie Amazon.

Experten

Expertenmodelle

- Serien-Autoren
- Media-Sender
- Themen-Redner
- Programm-Gestalter
- Community-Builder

Entrepreneure, die ihre Firma um Fachwissen herum aufbauen. Dabei aber nicht klassisch beraten, sondern über Wissensprodukte, eigene Events oder Communities.

Kreativer Raum

Smart Working

- Zyklische Konzepte
- Biografische Konzepte
- Teil-Automatisierung
- Home-Office / mobil

Services

Service-Modelle

- Productized Services
- Matching-Modelle
- Dispatcher-Modelle
- Liefer-Modelle
- Daten-Services

Services so denken, dass Sie nicht ständig auf der Straße sein müssen: Probleme smart lösen.

Erlebnisse

Erlebnismodelle

- Storyteller
- Musik / Kunst
- Spiele / Freizeit
- Reisen / Events
- Selbsterfahrung

Szene der Independent Künstler oder aller anderen Entrepreneure, denen es um ein Erlebnis auf Seiten der Kunden geht.

Merke

Die meisten digitalen Konzepte sind keine disruptiven Start-ups, sie nutzen digitale Strukturen, ohne sie selbst zu schaffen.

Tipp 4 – Vermeiden Sie den Think-Big-Virus

Es passiert immer wieder auf Kongressen: Der Gründer einer digitalen Plattform spricht eine Keynote. Innerhalb von wenigen Minuten fallen die Namen von *Elon Musk, Waren Buffet, Richard Branson, Steve Jobs* und *Jeff Bazos.* Das Spannende daran: Im Publikum sitzen vor allem deutsche Selbstständige und Inhaber_innen von smarten Konzepten. Da passt etwas nicht. Die meisten digitalen Geschäftskonzepte sind KEINE großen Start-ups. Trotzdem wedeln Motivatoren mit Vorbildern, die sich komplett in anderen Regionen bewegen. Die Begründung ist immer gleich: *Wer groß denkt, kommt weiter.* Wir können das nicht mehr hören. Denn es stimmt so nicht.

Damit Sie uns richtig zu verstehen: Sie können mit der Produkt-Treppe® auch Geschäftskonzepte von *Airbnb* oder *Google* abbilden. Der Punkt ist ein anderer: Wer sich Vorbilder setzt, sollte sich fragen, in welcher Dimension er sich bewegen will. Ist es wirklich klug, so groß zu denken?

Wir empfehlen meist, sich ***normalere Vorbilder zu nehmen.*** In der Regel wollen Sie gar keine gigantische Start-up Rakete sein. Sie wollen eine smarte, gut laufende Firma. Wenn das Ihr Ziel ist, dann machen Sie zu große Bilder im Kopf krank. Und wir sehen noch einen Punkt: Es ist auch nicht gesund. *Monsanto, A380* und *Dieselgate* sind nur drei Stichworte, die zeigen: Groß hat noch lange nichts mit richtigen Entscheidungen und Verhalten zu tun. *Think Big!* tut so, als sei es per se die Aufgabe von Unternehmern Unmögliches zu schaffen. Einfache Rückfrage: Wozu müssen Sie eigentlich etwas Unmögliches erreichen? Reicht nicht das Mögliche? *Think Big!* verführt dazu, sich zu viel vorzunehmen und sich nicht auf seine Stärken zu konzentrieren.

Wer zu groß denkt, hat sofort ein Hoch-Risikoprofil. Bitte merken Sie sich: ***Die meisten Firmen sind in Zukunft smart und weniger big!*** Fangen Sie sich also nicht den *Think-Big-Virus* ein. Denken Sie über sich hinaus, trauen Sie sich mehr zu, bleiben Sie aber in der Dimension, die Ihnen (und unserem Planeten) gut tut. Eine Think-Big-Rakete bauen Sie nur, wenn Sie das wirklich wollen. Ansonsten: Think Smart!

Groß ist möglich, aber nicht sexy

Lassen Sie sich bei Ihrem Geschäftsmodell nicht von anderen in GRÖSSENWAHN hineindrängen.

think BIG 33
Shoot for the moon

WARUM sollte ich da einsteigen?

Tipp 5 – Keine Idee? Zeichnen Sie viele Treppen

Das waren vier erste Tipps, wie Sie am besten an Ihr Geschäftskonzept herangehen. Sie können jetzt also mit der Skizze Ihres Geschäftskonzeptes beginnen. Wäre da nicht oft noch ein ganz anderes Problem:

Wenn Sie nicht wissen, was Sie wollen, werden Sie nicht vorankommen.

Probieren Sie das einmal aus. Fragen Sie jemanden, der noch nicht weiß, was er will, ob er Ihnen sein Geschäftsmodell zeichnen kann. Es geht nicht. Das Blatt bleibt leer. Wir haben diese Situation immer wieder in unseren Gruppen. Bevor Sie Ihr Geschäftsmodell zeichnen, haben Sie oft dieses ganz zentrale Problem: ***Sie wissen nicht, was Sie wollen.*** Ihr ungeklärtes Kopfkino steht zwischen Ihnen und einer Struktur. Hier das Zitat einer Frau, die eine verantwortungsvolle Tätigkeit in einem Konzern innehat und uns diese Mail schrieb.

„Ich bin eine, die sich immer noch nicht in die Solopreneur-Laufbahn traut und jemand, die noch nicht klar genug ist, um zu starten. Haben Sie eine Idee, wie ich herausfinden kann, was ich wirklich will?"

Das ist wie die Frage nach dem Huhn und dem Ei. Bevor Sie keine Idee haben, können Sie sich damit nicht auseinandersetzen. Setzen Sie sich nicht mit verschiedenen Dingen auseinander, bekommen Sie keine Idee.

Nur wer sich bewegt, kommt auch weiter

Eins ist uns aus vielen Jahren konzeptioneller Tätigkeit klar: Sie bekommen nicht heraus, was Sie wollen, wenn Sie die Dinge nicht konkret durchspielen. Willensbildung hat nach unserer Erfahrung etwas damit zu tun, ein Modell vor Augen zu haben, das dann im besten Sinne des Wortes ein Vorbild werden kann. Unsere Beobachtung: Die Produkt-Treppe® hilft, ganz grundlegend zu entscheiden, ob Sie etwas wollen oder nicht.

Unser Rat in dieser Situation: Warten Sie nicht auf „die Idee", sondern fangen Sie an zu modellieren. Stellen Sie Thesen auf und skizzieren Sie Treppen. Nicht nur eine. Viele. Es kommt der Moment, an dem Sie plötzlich sagen: Das ist es, daran will ich weiter arbeiten.

Warum helfen Modelle, sich zu entscheiden?

Ideen sind oft abstrakte Gedanken. Sie haben weder Fleisch noch Blut. Wie wollen Sie sich dafür entscheiden? Oft braucht es seine Zeit, bis sich die konkrete Vorstellung aus einem Nebel von Gedanken herausschält.

Modelle aktivieren das Gehirn

Das Arbeiten mit dem Modell klärt Gedanken. Sie haben eine Ahnung, ein Gespür, bekommen das Ganze aber nicht zu fassen. Wenn Sie jetzt anfangen Skizzen, zu machen oder mit Stickern die Struktur auf ein Blatt Papier zu kleben, merken Sie auf einmal: So könnte das gehen.

Das ist der Grund, warum Künstler mit Modellen arbeiten. Könnten Bildhauer ihre Plastik rein durch Imagination denken, würden sie ruhig in der Ecke sitzen und meditieren (auch das sollten Sie tun, dazu später mehr). Aber das reicht nicht. Bildhauer bleiben nicht in der Ecke sitzen. Sie holen sich Ton und kneten so lange, bis ihr Gehirn verstanden hat, worum es geht. Für den Anfang des Buches reicht diese Aussage: Um zu wissen, ob Sie etwas wollen, sollten Sie es einmal dargestellt haben. Ihre Idee muss auf ein Blatt Papier und dort so lange geordnet werden, bis Sie sagen können: *Ach, so geht das. Ja, das könnte ich mir vorstellen.* Sie brauchen ein Werkzeug, mit dem Sie Ihr Ding so klar bekommen, dass Sie es sich anschauen können. Unsere Erfahrung: Je konkreter dieses Bild ist, um so eher können Sie sich auch emotional damit auseinandersetzen. Dann kommt oft der Moment, „in dem der Groschen fällt".

In Entscheidungs-Situationen helfen Vergleichs-Treppen

Häufig können Sie sich verschiedene Lösungen vorstellen. Wie soll es nun weitergehen? Gerade in solchen Entscheidungs-Situationen hilft Visualisierung. Wenn Sie also verschiedene Optionen haben, macht es Sinn, diese parallel zu visualisieren. Zeichnen Sie zwei, drei, vier Treppen und hängen Sie diese nebeneinander. Dann argumentieren Sie aus, welche Lösung besser scheint. Dann entscheiden Sie und testen. Jede Treppe ist dabei eine These, die sich in der Wirklichkeit beweisen muss. Wenn Sie wirklich eine Idee entwickeln wollen, fangen Sie an, Modelle zu bauen.

Tipp 6 – Bleiben Sie gelassen

Wir leben am Anfang eines neuen Jahrtausends in einer Übergangszeit. *Transformation* ist ein Lieblingswort in der Fachliteratur. Dieser Umbruch hat zwei große Merkmale:

A – Immer mehr ist möglich

Smarte Technik ist ein Schlüssel für neue Geschäftskonzepte. In den letzten Jahren dreht sich das Rad der Innovation immer schneller. Was heute ein Smartphone leistet, wäre früher einem ganzen Rechenzentrum vorbehalten gewesen. Und die Nachrichten überschlagen sich: Selbstdenkende Maschinen, selbstfahrende Autos, mitdenkende Kühlschränke ...

B – Viele große globale Krisen fordern immer lauter nach Gehör

Unser Klima verändert sich, Pflanzen- und Tierarten sterben, autoritäre Systeme und die Spannungen zwischen Nationen nehmen zu. Die Liste der Dinge, die uns Sorgen machen, wird länger. Dabei schlagen in einer menschenübervollen Welt alte Verhaltensmuster stärker durch als zuvor. Es geht tatsächlich um viel.

Übergangszeit bedeutet: Wir müssen reflektieren, was wir in den letzten Generationen nicht gelernt haben, warum wir uns an vielen Stellen immer noch wie verzogene Kleinkinder verhalten. Da das ans Eingemachte geht, gibt es an vielen Stellen Stress. Noch ist lange nicht klar, was ein guter Weg ist. Technik allein wird nicht die Lösung sein. Daher zielt unser letzter Rat in diesem Kapitel auf Ihre innere Haltung:

Bleiben Sie gelassen und achtsam.

Gleich, was andere an Nachrichten an Sie herantragen, bleiben Sie innerlich achtsam, sortieren Sie selbst und nehmen Sie sich die Zeit, Dinge selbst zu ordnen und zu bewerten. Lassen Sie sich weder von den Möglichkeiten, noch vom Krisendruck jagen. Wir brauchen im Business und im Alltag eine neue Qualität. Entscheiden Sie selbst, was „gut" ist. Gelassenheit ist dabei ein wichtiger Schlüssel. Aus diesem Grund wird das Stichwort „Intuition" im letzten Kapitel eine Rolle spielen.

Bleiben Sie gelassen

Lassen Sie sich nicht jagen
und bleiben Sie achtsam.

Halten Sie die Sache einfach

Dieses Buch zeigt Ihnen ein ***Werkzeug***. Das Ziel: Durch Visualisierung konsequenter denken und dadurch bessere Geschäftskonzepte zu entwickeln. ***Business Modelling*** ist eine Form des ***visuellen Denkens***, die sich in den letzten Jahren rasant entwickelt hat. Die *Produkt-Treppe®* ist ein Werkzeug dieser Disziplin. Ein visuelles Werkzeug zu haben, hilft Ihnen in einer Zeit, in der Sie mit dem Taschenrechner allein nicht mehr längskommen. Sie können mit verschiedenen Visualisierungen gleichzeitig arbeiten. Unsere Erfahrung ist aber: In der strategischen Arbeit bilden wir oft ein Lieblingswerkzeug aus. Zu viele unterschiedliche Strategie-Modelle werfen uns aus der Bahn.

Im ersten Kapitel haben wir drei Dinge betont:

- halten Sie Ihre Idee (und Ihre Visualisierung) einfach
- betten Sie Ihr Denken in eine systematische Landkarte ein
- denken Sie nicht größer, als Sie das (zunächst) brauchen

... und trauen Sie sich nicht immer

Wir begannen das erste Kapitel mit der Aussage: *„Ihr Kopf braucht etwas Unterstützung“*. Wer sich an ein neues Projekt oder Unternehmen wagt, sollte dies mit hohem Selbstvertrauen tun. Sie können das. Trauen Sie sich. Nur so kommt es zu Veränderungen.

Gleichzeitig sollten Sie aber wissen, dass Ihr Kopf nicht immer Ihr Freund und Helfer ist. Unser Gehirn verliert leicht den Überblick, vergisst Dinge, die vor einigen Tagen eigentlich bereits glasklar waren, überschätzt sich, entwickelt irrationale Ängste, verliert sich in Details, geht an wichtige Dinge nicht ran ...

Sprich: Unser Gehirn ist genial, aber es kann Hilfe gebrauchen. Trauen Sie ihm nicht immer. Sie arbeiten wirklich besser, wenn Sie Ihrem Kopf eine „Gedankenstütze“ geben. Im zweiten Kapitel zeigen wir Ihnen die Kraft der verschiedenen ***Methoden*** im Business Modelling. Die Produkt-Treppe® ist ein Werkzeug. Es gibt weitere und es lohnt sich, die Vor- und Nachteile der verschiedenen Methoden zu kennen.

Zusammenfassung

Ihr Kopf braucht etwas Unterstützung

- Ein ***visuelles Bild*** hilft Ihnen, den Überblick zu behalten
- Erfolg bedeutet: ***Durchzuhalten,*** bis etwas funktioniert
- Ein ***strategisches Modell*** hilft, Ordnung zu halten

Halten Sie Ihr Modell einfach

- Zu ***komplizierte*** Modelle helfen Ihnen nicht weiter
- Halten Sie das ***Big Picture*** einfach (Strategische Landkarte)
- Halten Sie Ihr Geschäftskonzept möglichst ***einfach***

Identifizieren Sie, was für ein Konzept Sie eigentlich bauen

- Lassen Sie sich von Parolen der ***Start-up-Szene*** etc. nicht verwirren
- Meiden Sie den ***Think-Big-Virus***, die meisten Projekte sind anders
- Entwickeln Sie ein Gespür, welche ***Dimension*** zu Ihnen passt

Sie sind mit diesem Schritt fertig, wenn Sie dies beantworten können:

Kennen Sie Ihr strategisches Ziel?

Nutzen Sie die Think-Smart-Map zur Orientierung

Haben Sie Lust auf ein einfaches Geschäftskonzept?

Hier reicht als Antwort Ja oder Nein

01 FERTIG

Zeit für Pause und Notizen

Im Sehen erblicken wir ein gesteigertes geistiges Vermögen, in welchem gesetzhafte Erscheinungen durchsichtig werden…

Gottfried Bammes (1920-2007)
Künstler und Anatom

2 Die visuelle Revolution

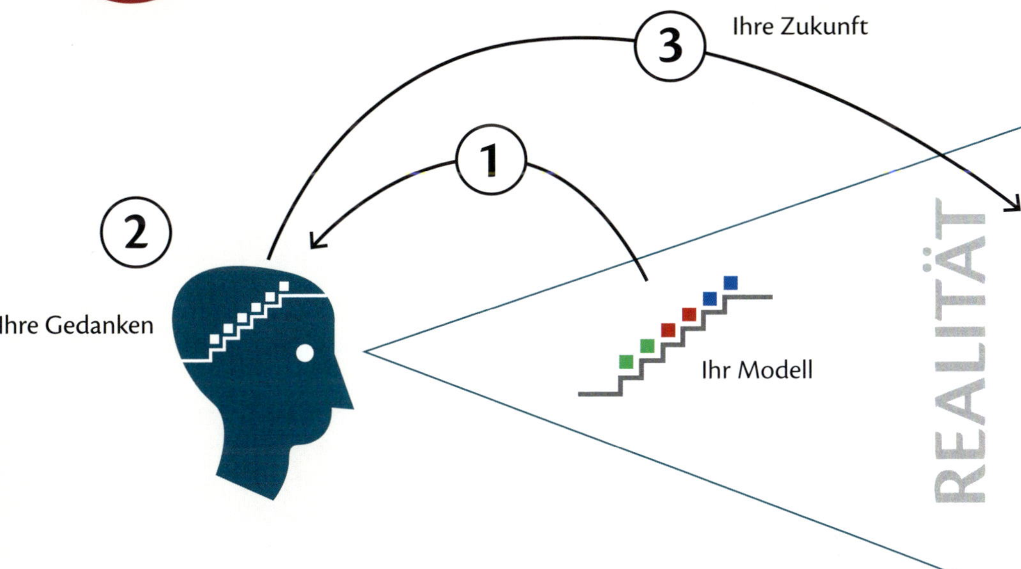

Haben Sie einen Sandkasten für Ihre Gedanken?

Der Mensch hat sich über die Schrift und Zahlen mächtige Kulturwerkzeuge geschaffen. Texte oder Tabellen allein sind heute aber zu wenig. Wer nicht in willkürlichen Gedankengängen oder abstrakten Zahlentabellen steckenbleiben will, muss eine Etage nach oben. ***Visuelles Denken*** ist angesagt. Oder anders gesprochen: Sie brauchen einen ***gedanklichen Sandkasten***, um darin Ihr Geschäftskonzept vorzuformen.

Wie schauen Sie in Ihre Zukunft?

Sie kennen vielleicht den Satz:

Sie können ein Auto nicht steuern, indem Sie in den Rückspiegel schauen. Zumindest nicht, wenn Sie nach vorne fahren wollen.

- Wie ist das aber mit Ihrem Business und Ihrem Leben?
- Sie wollen nach vorne und Sie wollen steuern

Das *Auto-Rückspiegel-Bild* stimmt an einer Stelle: *Sie können Ihre Zukunft nicht von der Vergangenheit ableiten.* Wer nach vorne will, muss auch „nach vorne" denken. Auf der anderen Seite passt das Autobild nicht. Im Straßenverkehr haben andere die Straßen gebaut und die Verkehrsregeln gesetzt. Steuern bedeutet im Auto: Sie folgen den Routen, die andere gelegt haben. In Zukunft werden Sie dabei vielleicht sogar gar nicht mehr am Steuer sitzen. Sie geben das Ziel ein, alles andere erfolgt autonom.

Das ist bei Ihrem Geschäftskonzept anders: Sie können Ihre Straßen selbst legen und Ihre Regeln neu bestimmen! Sie sollten das sogar tun, damit sich Ihr Angebot von dem der Mitbewerber unterscheidet. Nicht alles können Sie neu erfinden. Auch im Internet und im smarten Business gibt es Realitäten und Regeln. Zusätzlich sind wir Verfechter der Nutzung von Komponenten („fertigen" digitalen Services von anderen). Aber Sie können viel mehr bestimmen, als Sie vielleicht meinen. Wir machen Ihnen Mut, mehr zu gestalten und mehr über Ihre Möglichkeiten nachzudenken.

Wie kommen Sie eigentlich auf neue Gedanken?

Systematisch kreativ zu sein, lernen wir nicht in der Schule. Das ist eine Tragik unserer Gesellschaft. Wir lernen dort oft das Repetieren oder eine geschönte, zweckfreie Kreativität, beides keine Vorgehensweisen, die Sie zu einem guten, smarten Geschäftskonzept bringen. Hilfreich ist es, drei verschiedene Formen von Kreativität zu unterscheiden:

- **Neu-Findungs-Kreativität** *Ideenfindung, Sammlung, Kombination*
- **Entscheidungs-Kreativität** *Strategie, Steuerung, Richtung*
- **Produktions-Kreativität** *Umsetzung, Stil, Design*

Als Entrepreneur_in brauchen Sie alle drei Arten der Kreativität. Aber zu unterschiedlichen Zeitpunkten. Wenn kreative Prozesse scheitern, hat dies fast immer damit zu tun, dass Sie im falschen „Kreativ-Modus“ sind.

3 typische Fehlkonstruktionen in normalen Unternehmen

Der „Entscheider“ nervt in der Findungsphase

Sie brauchen eine richtig gute Idee, aber die / der Vorgesetzte will sofort Entscheidungen. Das wird in der Regel kein wirklich tolles Produkt.

Der „Kreative“ nervt in der Entscheidungsphase

Sie haben eine strategische Sitzung, müssen Entscheidungen treffen, eine Person möchte aber alles wieder „neu erfinden“ und hinterfragt ständig jeden und alles. Das nervt und kostet unendlich Zeit.

Der „Produktioner“ fehlt in der Umsetzung

Die Idee ist da, die Entscheidungen stehen, aber niemand geht in eine gute Umsetzung. Es fehlt an Produktions-Kreativität. Viele Ideen scheitern genau an dieser Stelle: Sie werden nicht gut umgesetzt.

Smarte Konzepte werden oft von einem Inhaber gesteuert (*Solopreneur*). Dann kommen Ihnen alle drei Rollen zu: *Erfinder, Entscheider, Umsetzer.* Das ist viel. Die Produkt-Treppe® hilft, diese Vielfalt zu meistern. Dieses visuelle Werkzeug startet bei den zentralen strategischen Fragen:

- Was bieten Sie überhaupt an?
- Welches Produkt kommt wann heraus?
- Wie „wirken“ diese Produkte zusammen?

Das ist aber nicht alles. Bei Ideenfindung und Umsetzung spielt die Produkt-Treppe® ebenfalls eine große Rolle. Ein visuelles Modell hilft bei allen drei Kreativitäts-Formen. In Kapitel 8 zeigen wir zusätzlich, wie die Produkt-Treppe® in der agilen Produktion eine zentrale Rolle übernimmt.

Kommen wir aber noch einmal zurück zu dem Auto und dem Rückspiegel. Wie können Sie in die Zukunft schauen und steuern? Wie können Sie bessere Entscheidungen treffen? Unser Tipp: Arbeiten Sie mit einem Modell.

Die Kraft der visuellen Modelle

Visuelle Modelle haben in den letzten Jahren die Geschäftskonzeption revolutioniert. Es ist ein spannender Geistes-Krimi, wie die reine Zahlensicht durch visuelle Modelle abgelöst (ergänzt) wurde.

Dass der Mensch vorausdenken kann, ist ein einzigartiges Phänomen, denn unser Gehirn ist streng genommen nicht für strategische Aufgaben gebaut. Mit ein paar Tricks können wir aber komplizierte Sachverhalte verstehen, erinnern und vorausplanen. Worte, Zahlen, Kalender, all dies sind „Eselsbrücken“, die uns helfen, Dinge zu erinnern und „vorauszudenken“. Je gestalterischer der Mensch wurde, um so mehr nutzte er Skizzen und Zeichnungen. Eine besondere Rolle nehmen dabei die Modelle ein. Sie kamen immer ins Spiel, wenn Dinge schwer vorstellbar waren.

Dreidimensionale Modelle – 3D

Ein Architekt mit sehr gutem Vorstellungsvermögen kann bereits aus einer Planungszeichnung das „Haus vor sich sehen“. Aber oft reicht das nicht. Wollen Architekten besser verstehen, bauen sie ein Modell. Solche Modelle sind dreidimensional, aus Holz, Papier oder anderem. Oder sie sind virtuell, digital, 3D. Dann täuschen sie die Dimension „Raum“ quasi vor. Auch Bildhauer nutzen „plastische“ Modelle. Wer sich Ton-Modelle großer Künstler ansieht, versteht, wie wichtig diese sind, um bedeutende Werke vorzuformen. Wer ohne Modell arbeitet, zerstört viel Originalmaterial beim Versuch, die richtige Lösung zu treffen. Modelle sind quasi Gedanken-Prototypen. Das „räumliche Modell“ ist ein Klassiker, hat seine Stärken aber vor allem dort, wo der abgebildete Gegenstand selbst auch dreidimensional ist. Geschäftskonzepte sind das nicht.

Flache Modelle für mehrdimensionale Probleme – oft 2D

Kommen wir in abstraktere Bereiche mit nichträumlichen Dimensionen (Zeit, Geld, Beziehungen) funktionieren Raum-Modelle nicht mehr. Wie geht das Geschäftskonzept „Blogger“? Versuchen Sie das einmal in Ton zu formen. Das bringt Sie nicht wirklich weiter. Haben wir eine abstrakte Mehrdimensionalität, werden die Modelle schematischer, oft wieder 2D.

BEISPIEL Ein wissenschaftliches historisches Modell

Das Bohrsche Atommodell – klopfte Dimensionen flach

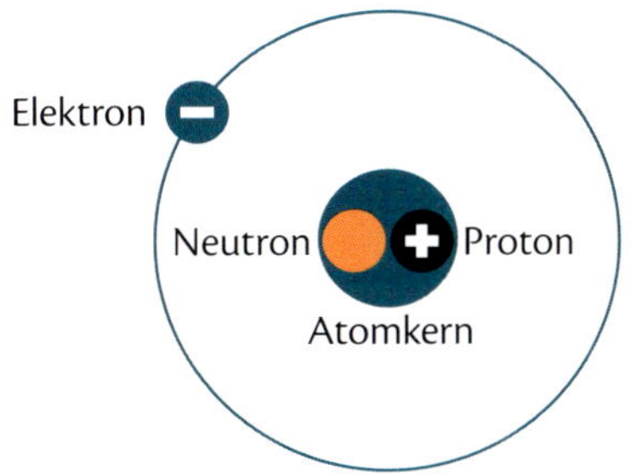

neue Sprache

- Atomkern
- Quantensprung
- Kernspaltung

Merke: Modelle bilden neue Sprache

Wer kennt es nicht aus dem Schulunterricht: *Das Atommodell.* Es ist das Beispiel für ein ***wissenschaftliches Modell***, hinter dem eine vielschichtige Wirklichkeit steht (Dimensionen wie Raum, Zeit, Energie).

Niels Bohr beschrieb 1913 den Aufbau eines Atoms mit seinem Modell, bei dem leichte, negativ geladenen Elektronen einen schweren, positiv geladenen Atomkern umkreisen. Dieses Modell vereinfacht bis heute das Gespräch über ein Atom. Mit Hilfe des Bohrschen Modells konnten auch erstmals die Energieniveaus von Wasserstoffatomen berechnet werden.

Das *Bohrsche Atommodell* – ***eine zweidimensionale Zeichnung*** – ist aber nicht die Wahrheit, sondern nur eine Denkhilfe. Es ist die Visualisierung eines Gedankengangs. Das Modell erklärte nicht alles. So konnten chemische Bindungen mit Bohrs Modell nicht dargestellt werden. Auch wurde das Modell immer wieder durch neuere Erkenntnisse verfeinert, heute wird ein Atom in Filmen oft dreidimensional dargestellt.

Ein Modell

- ermöglicht das Gespräch über einen komplexen Sachverhalt
- ist immer einseitig und vernachlässigt andere Aspekte
- kann veralten und überholt werden
- ist gut, wenn es einfach ist, dann wird es verstanden
- muss funktionieren, also auf echten Beobachtungen beruhen

Business Modelling – ein Game Changer

In Wissenschaft, Kunst und Architektur sind Modelle lange geläufig. Jeder weiß, warum sie dort gebraucht werden. ***Business Modelling*** ist dagegen eine junge Disziplin. In der Betriebswirtschaft gab es den Begriff „Geschäftsmodell" zwar schon, aber es war ein abstrakter Theorie-Begriff.

Betriebswirtschaft als Zahlenwirtschaft

Die Visualisierung eines Geschäftsmodells war bis 2010 selten. Das hat mit den Zahlen zu tun. *„Rechnet sich das?"* war die Leitfrage ganzer Generationen. Mathematik, Statistik und Verwaltung (Business Administration) übernahmen die Führung in der Betriebswirtschaft. Banker, Geschäftsführer, Controller etc. wurden zu Zahlenmenschen. Es waren (und sind immer noch) fast immer Männer mit Hemd, Krawatte und Anzug, die unsere Wirtschaft bestimmten. Der kreative (visuelle) Anteil war nicht gefragt. Es fehlte die Lockerheit, ein Konzept einfach mal eben auf ein Blatt Papier zu werfen. Zahlen mussten präsentiert und „verteidigt" werden. Wer sich mit der Finanzkrise 2008 beschäftigt, entdeckt riesige Zahlengebäude, die ab einem bestimmten Zeitpunkt nichts mehr mit der Wirklichkeit zu tun hatten. Ethische Aspekte und Sinnfragen hatten sich verabschiedet, es wurden nur noch Zahlen auf (Wert-)Papieren (oder in digitalen Systemen) verschoben.

Gegenbewegung mit verschiedenen Wurzeln

Die einseitige Zahlensicht wird heute von zwei Seiten hinterfragt. Zum einen auf der ***Sinnebene***: *Prof. Günter Faltin* und *Prof. Silja Graupe* sind z.B. zwei profilierte deutsche Mahner gegen Ökonomisierung und ethische Betriebsblindheit. Zum anderen merkten aber auch die ***Praktiker***, dass es so nicht weitergeht. Die Bewegung, zurück zum visionären Entrepreneurship und der visuellen Arbeit am Geschäftsmodell, begann in der Start-up-Welt mit dem Aufkommen des Internets. In dieser unbekannten Welt gab es keine Standards. Daher musste die Frage gestellt werden: *Was wollen wir überhaupt? Was ist unser Konzept?* Ehe man sich versah, stand man vor Wänden aller Art und zeichnete. Das „Verstehen" mit Hilfe von Visualisierung wurde eine eigene Disziplin.

HINTERGRUND Visualisierung ist nicht gleich Visualisierung

Zwei Visualisierungs-Lager stärken sich gegenseitig, sind aber nicht gleich:

1 – Visuelle Stimulatoren

Diese Methoden aktivieren das Gehirn bei der Entwicklung einer neuen Idee oder visualisieren (sammeln) einen neuen Gedankengang. Diese Methoden haben z.T. ein ***formelles System*** (z.B. die Struktur einer Mind Map), nicht aber ein ***strategisches System***. Drei Beispiele dafür:

Skizzen / Kritzeleien / Mockups

Jede Zeichnung aktiviert das Gehirn und fördert die Vorstellung. Skizzen sind der absolute Kreativ-Klassiker. Im *Design Thinking* wird die Kritzelei und der schnelle Bau von (Papp-)Prototypen (Mockups) wieder zur Königsdisziplin.

Mind-Maps / Baumgrafiken

Strukturieren abstrakte Themen in einer verzweigten Grafik mit Stichworten. In der Mitte ist der Ausgangspunkt. Darum wie Äste die Assoziationen an einzelnen Zweigen.

Graphic Recording / Sketchnotes

Visuelle Protokolle helfen, Gedankengänge in Bildern festzuhalten. Dabei gibt es zwei Formate: Das Großformat ***Graphic Recording*** findet auf großen Flächen vor Gruppen statt. Das kleine, persönlichere Format, sind ***Sketchnotes***, bei dem Sie Ihr eigenes Notizbuch füllen.

2 – Business Modelling

Ein visuelles Business-Modell geht einen Schritt weiter: Es ist eine Grafik ***mit einem strategischen System***, quasi ein Spielbrett, auf dem strategische Gedanken geordnet werden. Das erste solche System mit Breitenwirkung für Geschäftsmodelle war die *Business Model Canvas*.

Tony Buzan hat einige eingetragene Warenzeichen auf Mind Map und Mind Mapping
Sketchnote von Franziska Panter / panter-concepts.de

Warum Sie nicht mit einem Kettenmodell starten

Es geht um Visualisierung: Aber was visualisieren wir?

Moderne digitale Geschäftskonzepte haben früher oder später etwas mit Automatisierung zu tun. Wir nennen das *„prozessorientierte"* Konzepte, andere sprechen von *„datengetriebenen"* Modellen. Diese funktionieren anders als klassische handgesteuerte Geschäftskonzepte.

Wenn es in smarten Geschäftskonzepten stark um Prozesse geht, wäre es doch plausibel, wenn man bei diesen Prozessen anfängt. Warum starten Sie dann nicht mit einer Skizze Ihrer gesamten Prozesse? Sie zeichnen in Abfolgeketten alle einzelnen Schritte auf, was wo passiert. Das ist eigentlich eine gute Idee. Es gibt dafür viele Tools (siehe rechts). Trotzdem raten wir davon ab. Alle Prozesse gleich zu Anfang exakt zu erfassen, ist viel zu feinteilig. Sie fixieren sich auf Details, von denen Sie zu Beginn überhaupt noch nicht wissen, ob Sie diese brauchen.

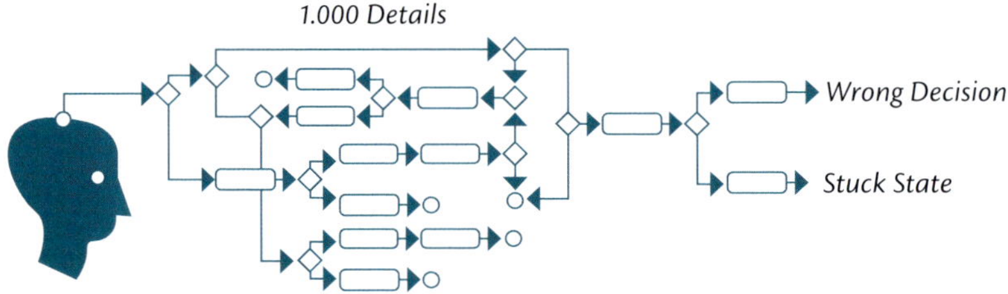

Wenn Sie sich in eine Gehirnblockade hineinarbeiten wollen, dann starten Sie damit, alle möglichen Prozess-Details festzuhalten. Details festzuhalten, bevor Sie das *Big Picture* kennen, ist ein Lösungskiller. Ablaufdiagramme helfen zu verstehen, wie komplizierte Prozesse funktionieren. Programmierer müssen das für eine Software tun, Entrepreneure nicht. Es ist schon gut zu wissen, wie Ihre digitale Auslieferung etc. funktioniert. Dafür müssen Sie aber keine standardisierte Notation verwenden. Ihnen reicht eine Handskizze oder ein Ablauf-Schema mit Klebe-Stickern. Das alles ist aber der zweite Schritt und der kommt nach dem ersten.

Merke: Zuerst das Modell, dann die Prozessketten.

HINTERGRUND Wäre eine Ablauf-Kette nicht das richtige Tool?

Kettenmodelle mit standardisierten Notationen

Programmierer erfassen Prozess-Ketten (Abläufe) in standardisierten Notierungen wie der *BPMN (Business Process Model and Notation).* Dies hilft vor einer Programmierung zu verstehen, welche Fälle und Störfälle ein Programm bedienen muss.

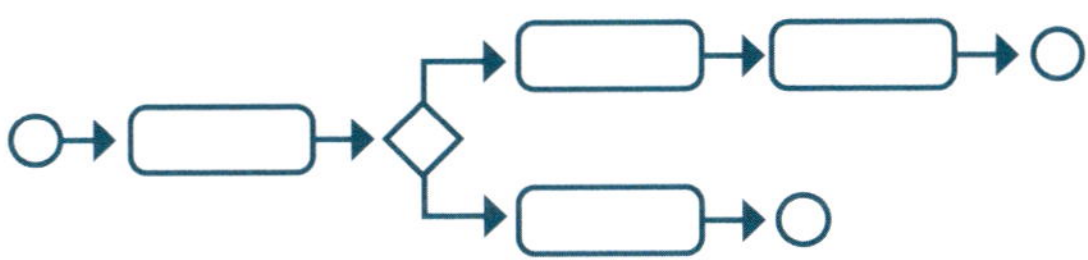

Begriffe aus der Welt der Kettenmodelle

- *Business Process Management* (BPM) — die Disziplin
- *Business Process Model and Notation* (BPMN) — die Standardsprache
- *Ereignisgesteuerte Prozesskette* (EPK) — etwas einfachere Methode

Solche Symbolsprachen sind gut, um komplizierte Vorgänge exakt im Detail zu erfassen. In der Programmierung und anderen technischen Abläufen ist diese Form der Visualisierung ein Standard.

Können Kettenmodelle nicht auch zur strategischen Planung dienen?

Der Gedanke, diese Art der Visualisierung auch für das eigentliche Kern-Geschäftsmodell zu nutzen, kommt immer wieder einmal auf.

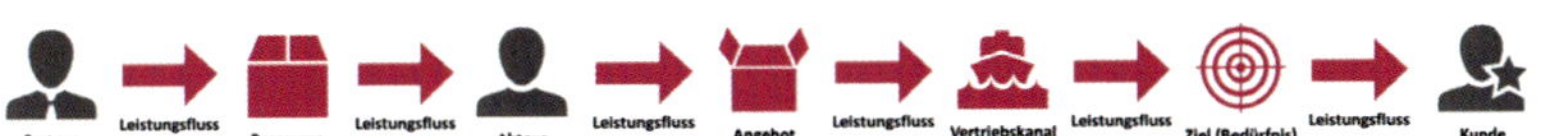

So hat *Runpat*, ein Kieler Start-up, dies 2014 mit einer eigenen Notation (*Business Modeling Notation BMN*) versucht. Dabei wurden Zulieferer, Partner etc. in Wertschöpfungsketten verknüpft. Auf den ersten Blick scheint das einleuchtend. In der Praxis hat sich das aber nicht bewährt. Sie bekommen zu viele Detail-Pfade in Ihre Grafik, es hilft nicht.

Fazit

Kettenmodelle für das strategische Business Modelling einzusetzen, hat sich nicht durchgesetzt. Visualisieren Sie anders.

Warum Sie nicht mit einem Businessplan starten

Eine klassische Geschäftskonzeption verlangt so früh wie möglich einen ***Einnahme-/Ausgabenplan*** (den *Businessplan*). In einer Tabelle werden Annahmen getroffen, wie viel Geld ausgegeben und eingenommen wird. Oft über mehrere Jahre im Voraus. Ein solches Vorgehen wird zum Beispiel verlangt, um Kredite zu beantragen oder Investoren zu überzeugen.

Ein Businessplan als Fundament der Ideenfindung hat drei Probleme:

Er berechnet eine Wirklichkeit, die künstlich konstruiert ist

Man trägt angenommene Zahlen ein, die auf keiner Erfahrung beruhen. Bei einem bekannten Konzept (Frisörladen) mag das gehen. Bei einer neuen Idee ist das Kaffeesatz-Leserei. Vorsicht: Wir alle glauben zu leicht an die Zahlen in einer Planung. Eine ungetestete Zahl ist aber nichts wert.

In der Findungsphase behindert dieses Vorgehen Ihre Kreativität

Sie wollen nicht, dass Ihr Kopf gleich zu Beginn von Zahlen blockiert wird. Natürlich müssen Sie Zahlen überschlagen. Zunächst geht es aber um die Frage: Was wollen Sie? Was stellen Sie eigentlich her? Ideen sind freier.

Der Businessplan in Kombi mit Fremdkapital knebelt Sie

Wenn Sie einen Businessplan bei einer Bank oder einem Investor hinterlegen, werden Sie an diesen Zahlen gemessen. Diese mögen es nicht, wenn Sie etwas anderes tun, als geplant war. Solche Planung macht unfrei.

Planen Sie anders, bleiben Sie smart

Wir sagen nicht, dass Sie keinen Plan brauchen! Wir sagen, dass ein früher und zu starrer Plan nicht smart ist. In einem *Smart Business Concept* vermeiden Sie Mitgesellschafter und Fremdkapital. Damit besteht kein Zwang „Fake"-Businesspläne für andere zu entwickeln. Sie sind zunächst allein mit Ihrem Kopf und der Realität. *Lean Startup* und viele andere Praktiker (auch wir) sagen: Sie wissen nicht, was wirklich geht. Also testen Sie sich schrittweise voran und planen dann jeweils neu.

In einem smarten Konzept entsteht der Finanzplan langsam

Das smarte Konzept ist für Sie (Ihr Team) intern und entsteht schrittweise

IDEE
suchen & finden

Idee finden. Das eigene Warum klären

- herausbekommen, was ich will und kann
- die grundlegende Geschäftsidee finden
- diese als These festhalten, erstes Rohkonzept

Findungs-Kreativität
Zahlen grob
Kein Businessplan

Treppe
Version 0.1

MODELL
gestalten & testen

Modellieren & Annahmen testen

- aus der Idee ein Geschäftsmodell entwickeln
- Kunden und Produkte in Beziehung bringen
- *modellieren, testen, Prototyp, Proof of Concept*

Findungs-Kreativität
Erste Zahlen testen
Testverkäufe

Treppe
Version 0.2

PLAN
entscheiden & berechnen

Operative Planung

- Entscheidungen. Was soll umgesetzt werden?
- Grobkalkulation. Z.B. mit unserem Calculator
- Dinge überschlagen und in eine Ordnung bringen

Entscheidungs-Kreativität
Zahlen überschlagen
Erste Kalkulationen

Treppe
Version 1.0

AKTION
aufbauen & controllen

Agile Umsetzung

- Dinge in Fluss bringen, Marke etablieren
- Produkte erstellen und in den Markt bringen
- aktiv steuern (Controlling) und agil bleiben

Umsetzungs-Kreativität
Pilotieren
Zahlen in der Realität
Echter Finanzplan

Treppe
Version 1.1

Sie hören nicht auf, Ihr Konzept zu überprüfen und anzupassen.
Siehe dazu Kapitel 8 = agile Arbeit mit der Treppe

Excel – das wichtigste Planungstool der letzten Generation

1.200	120	10
250	120	10
250	120	10
	2.000	
1.700	2.360	30

Steckbrief

- seit 1985
- Tabellenkalkulation
- Spalten + Zeilen
- arbeitet numerisch

Visuelle Tabellenkalkulation

Excel war die erste ernstzunehmende Software, die ein grafisch orientiertes Kalkulationsprogramm (Visualisierung) auf den Computerbildschirm brachte. Excel rechnete wie von Zauberhand selbst. Komplizierte mathematische Operationen wurden so plötzlich für jeden schnell machbar. Heute ist das für jeden selbstverständlich. Damals war es das nicht. Der Bildschirm wurde zum Supertaschenrechner. Im Kern ist Excel eine vereinfachte, visuell direkt selbst bedienbare Datenbank. Diese Einfachheit erklärt den Erfolg der Tabellenkalkulation weltweit.

Der Siegeszug von Excel

Ab 1985 trat mit der Ausbreitung der *Personal Computer* auch *Excel* seinen Siegeszug an. Bis heute ist es das am meisten gebrauchte numerische Zielplanungs-Werkzeug von Projektleitern jeder Art. Es gibt auch andere Tabellenprogramme wie *Numbers (Apple)* oder *Google Sheets*. Es ist gleich, mit welchem Programm Sie arbeiten, die Funktionen sind ähnlich.

Der Siegeszug der Zahlen-Blödheit

Ein Problem der modernen Betriebswirtschaft ist die Zahlenfixiertheit. Die Welt wird reduziert auf eine einzige Sichtweise: *Rechnet sich das?* Dabei werden andere Dimensionen wie zum Beispiel Sinn und Ökologie ausgeblendet. Diese „Ökonomisierung“ hat einen Komplizen: *Excel*. Die Gefahr: Weil es einfacher ist, „Finanzen“ mit Excel zu berechnen als „Sinn“, richten sich Manager auch schneller rein auf Finanzen aus.

Rechte
Entwickelt von *Microsoft* und fester Bestandteil der Office-Pakete bzw. *Microsoft 365*. Alle Rechte von *Excel* liegen bei *Microsoft*.

Links

• Excel	*products.office.com/de-de/excel*	*Microsoft*
• Sheets	*workspace.google.com/products/sheets*	*Google*
• Numbers	*apple.com/de/numbers*	Apple
• Alternativen	*OpenOffice* oder *LibreOffice*	Open Source

Funktion
Rechenoperationen und visuelle Auswertung mit Torten- und Balkendiagrammen für den Businessplan, Kalkulationen oder Reportings.

Vorteile

- exakte Kalkulation
- Verknüpfungen
- schnelle Berechnung
- kann so gut wie jeder
- Verbreitung 100 %

Nachteile + Gefahren

- verführt, nur die Zahlen zu sehen
- Flut der sinnlosen Forecasts
- ist doch noch abstrakt (Zahlen)
- Tabellen haben oft Formel-Fehler[1]
- Tabelle wird nicht aktuell gehalten

Tabellen sind mit dem Aufkommen der Datenbanken nicht überholt

Immer wieder wird versucht, mit einer fertigen Kalkulations-Software für Business-Planing die „einfache“ Tabelle zu ersetzen.

Dr. Sven Ripsas, Professor für Entrepreneurship an der HWR Berlin, rät davon ab, die Excel-Tabelle aus der Hand zu legen. Warum? Am Anfang verändern sich in einem Geschäftskonzept die Annahmen oft. In einer fertigen Kalkulations-Software fehlen einem dann plötzlich Felder, um etwas einzutragen, Sie sind gezwungen „im Rahmen“ zu bleiben. Sein Rat: Jedes Gründer-Team braucht einen Excel-Spezialisten, der die Controlling-Tabelle selbst gebaut hat, sie kontinuierlich pflegt, alle Verknüpfungen versteht und diese auch ändern kann.

Unser Tipp: Eine *Google Tabelle* ist in Kombi mit *Google Drive* ein sehr mächtiges, einfach zu bedienendes erstes kollaboratives Werkzeug.

1 – Quelle und Details siehe Anhang

Die Business Model Canvas – startete die visuelle Revolution

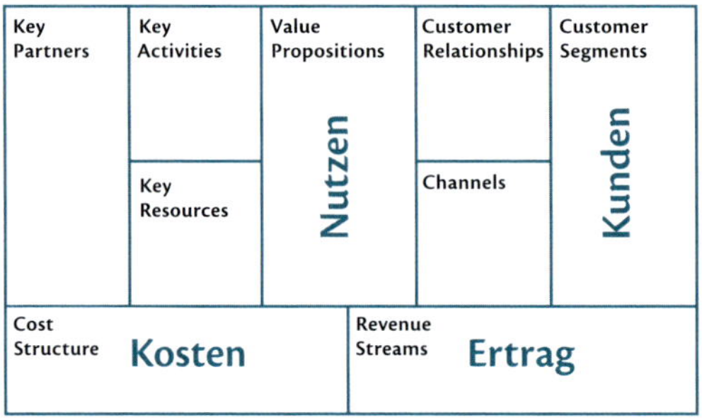

Key Partners	Key Activities	Value Propositions	Customer Relationships	Customer Segments
		Nutzen		Kunden
	Key Resources		Channels	
Cost Structure Kosten			Revenue Streams Ertrag	

Business Model Canvas von Strategyzer.com
creativecommons.org/licenses/by-sa/3.0
Grafische Vereinfachung von uns

Burn the Business Plan

Die Excel-Tabelle ist zahlengetrieben. Sie verführt dazu, Kennzahlen überzugewichten. Das Ende der rein numerischen Sicht wurde von Alexander Osterwalder mit dem Slogan *„Burn your Business Plan!“* eingefordert. Der Grund: Rein numerisch ausgerichtete Geschäftskonzepte töten die Phantasie und ermöglichen keine unverstellte Sicht in die Zukunft.

Sein Lösungsansatz

Visuell denken und mit dem Team zunächst gründlich an den Grundlagen arbeiten UND ERST DANN die numerische Ebene hinzufügen und diese durch ständige Tests validieren. Um das zu können, entwickelte er eine „Leinwand“ (= *Canvas*), auf der mit Stickern gearbeitet werden kann. Auf die Sticker können auch Bilder gemalt werden. Das Gehirn wird kreativ.

Ein Visualisierungsbuch löst die Revolution aus

2010 erscheint das Buch *Business Model Generation*. Ziel von Alexander Osterwalder war es, mit diesem Buch die alte Form des Wirtschafts-Fachbuches zu reformieren. Es ist voller Farben, Visualisierungen (wie die Canvas) und praktischer Tipps. Es wurde ein Welterfolg. Die Canvas verbreitete sich in hoher Geschwindigkeit. Damit gelang ihm das, was *Tom Peters* 2003 mit seinem Buch *Re-imagine!* erreichen wollte: Die Kreativität und Gestaltungsfreudigkeit in die Betriebswirtschaft zurückzuholen. Visualisierung ist spätestens seit *Business Model Generation* beim Geschäftsmodell überall anerkannt.

Steckbrief

- seit 2004 bzw. 2010
- Wertschöpfungs-Modell
- 9-Kammern-Modell
- Abkürzung: BMC

„Ein Geschäftsmodell beschreibt das Grundprinzip, nach dem eine Organisation Werte schafft, vermittelt und erfasst."

Business Model Generation

Rechte

Die *Business Model Canvas* wurde von *Alexander Osterwalder* entwickelt. Die Markenrechte liegen heute bei *Strategyzer*, der Firma von Alex Osterwalder und Alan Smith. Als Poster und grundlegendes Raster ist „die Canvas" als Creative Commons (CC **BY-SA**) zur Nutzung und auch Veränderung freigegeben. Daher gibt es modifizierte Varianten wie die *Lean Canvas* oder unsere *Solo Canvas*. Die CC-Lizenz bezieht sich aber nur auf die Canvas selbst, nicht auf weitere Inhalte von *Strategyzer*.

Links

Strategyzer	*strategyzer.com*	Business Model Canvas
Ash Maurya	*leanstack.com*	Lean Canvas
Hier im Buch	*smartbusinessconcepts.de*	Solo Canvas

Funktion der Canvas

Ermöglicht die Diskussion des grundlegenden Ertragsmodells. Eine mit Zahlen hinterlegte „Canvas" wird heute an vielen Stellen bei einem Start-up als Ersatz eines alten klassischen Businessplanes akzeptiert. Wichtige Ergänzung zur *Business Model Canvas* ist die *Value Proposition Map*.

Vorteile

- neuer Standard
- ist visuell und agil
- lässt die rein numerische Weltsicht (Excel) hinter sich
- öffnet das Feld für Innovation und Diskussion
- klärt die Metaebene der Wertschöpfung gut

Nachteile + Gefahren

- die Canvas ist schwer „auswendig zu lernen"
- sie braucht ca. 1 Tag Einarbeitung
- viele bleiben in Bestandsaufnahme stecken, danach beginnt aber erst die Arbeit
- betont die Metaebene: vielen fällt es schwer, daraus die konkreten Produkte abzuleiten.
- stärker für „große Modelle", nicht so stark bei smarten Konzepten

Warum das einzelne Produkt aus der Canvas verschwand

Vielleicht ist es Ihnen schon aufgefallen: In der Business Model Canvas gibt es keine einzelnen ***Produkte***, sondern (nur) ***Value Propositions***.

Warum ist das so?

Die *Business Model Canvas* entstand in der Schweiz. Dort beschäftigen sich zwei Doktoranden kurz hintereinander mit Geschäftsmodellen: Patrick Stähler und Alexander Osterwalder. Patrick Stähler schreibt seine Doktorarbeit und veröffentlicht diese 2001. In dieser reduziert er ein Geschäftsmodell auf drei wesentliche Stränge (Zitat von ihm):

*„Ein Geschäftsmodell besteht aus drei Hauptkomponenten: **Value Proposition**, Architektur der **Wertschöpfung** und dem **Ertragsmodell**."*

Stellen wir uns das einmal als Grafik* vor:

Die Grundlage

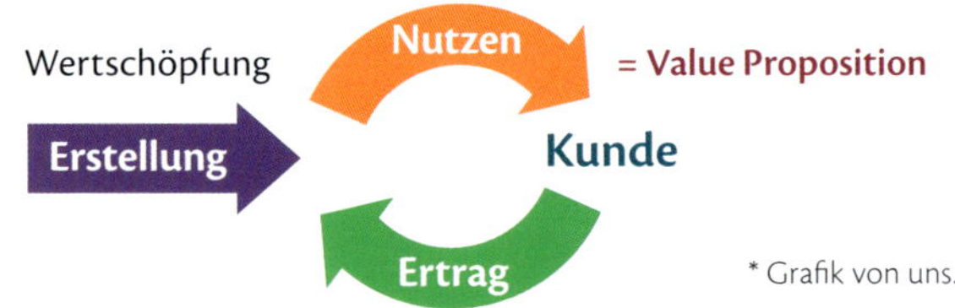

* Grafik von uns.

Alexander Osterwalder kannte die Arbeit von Patrick Stähler und entwickelte wenig später die heute bekannte *Business Model Canvas*.

Bei Alexander Osterwalder sieht die Logik bis heute so aus:

Die Innovation

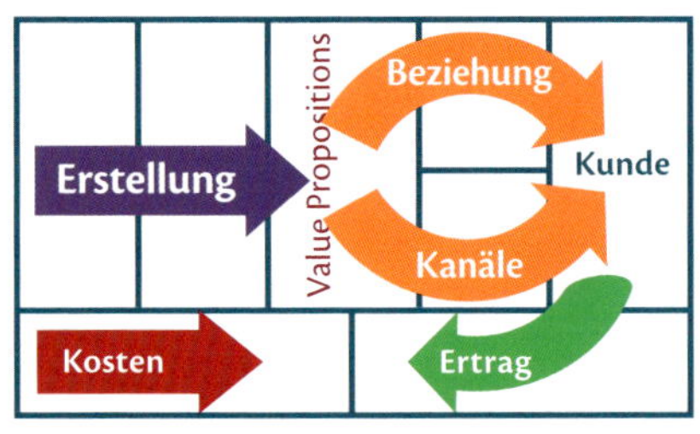

Mit der Canvas als unterlegtem Kammern-Raster wurde die Logik dann zum visuellen Modell.

Die *Value Propositions* (Plural) wanderten dabei in die mittlere Kammer.

Alexander Osterwalder ***dachte visuell und praktisch*** und schuf ein anwendbares Werkzeug. Die unterlegte Canvas war der Durchbruch.

Innovation verlangt einen bestimmten Grad an Abstraktion

Warum war aber Patrick Stähler und Alexander Osterwalder die Value Proposition so wichtig? Patrick Stähler schrieb dazu:

„Ich definiere ein Geschäft bewusst nicht über das Produkt oder den Markt, den es bedient, ***sondern allein über den Nutzen,*** *den ein Unternehmen seinen Kunden stiftet (Value Proposition). Das Produkt und der Markt sind dann Teil der Wertschöpfungsarchitektur, um die Value Propositon zu erfüllen."*

Das ist eine Entscheidung mit weitreichenden Folgen. Der Blickwinkel ist hier „Innovation", die Neuentwicklung. Um Neues zu entwickeln, muss man in der Lage sein, sich vom Alten zu lösen. Mit der *Value Proposition* geht man beim „Angebot" auf den „inneren Kern" zurück, um von dort mit dem Denken neu starten zu können. Genau das macht die Canvas.

Was erreicht die Canvas mit diesem Vorgehen?

Dass ein Team eine gemeinsame Sprache dafür findet, was ein Unternehmen überhaupt will. Die Canvas ist ein Team-Moderations-Werkzeug.

Wozu ist die Business Model Canvas nicht da?

Produkte darzustellen. Der eigentliche Prozess der Produkt-Entwicklung findet gar nicht in der Canvas statt. Dafür schuf Alexander Osterwalder einen eigenen Prozess zum *Value Proposition Design*. Aber auch dort geht es in der *Value Map* nicht um das einzelne Produkt, sondern um „alle Produkte und Services", die sich um ein Wertschöpfungsangebot drehen. Ein „Angebot" ist hier der Oberbegriff für ein Bündel von Produkten.

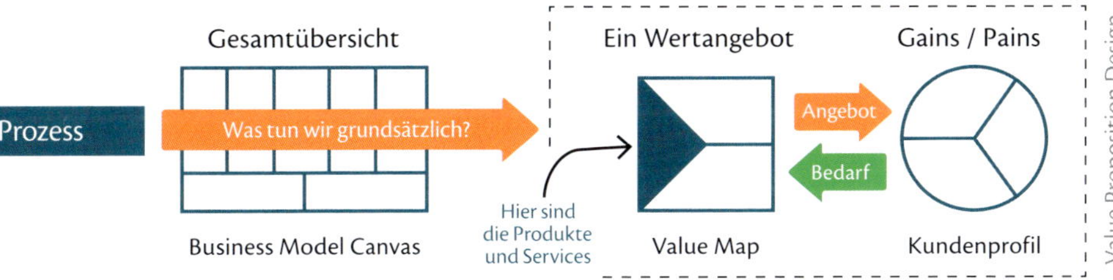

Fazit Die Canvas ist die Übersichtskarte in einer Labor-Logik. Das Team lernt, einen Innovationspfad zu gehen. Die Canvas bildet kein Portfolio ab. Das möchte sie auch gar nicht. Das ist ihre Stärke und Schwäche zugleich.

Die Canvas mit der Produkt-Treppe® updaten

Hommage an Alexander Osterwalder

Wir lieben die *Business Model Canvas*. Es ist eine großartige Visualisierung, ein Game Changer und hat eine Lawine anderer Lösungen ausgelöst. Aber nicht nur das. Wir schätzen die differenzierte Haltung von Alexander Osterwalder und halten ihn für einen der klarsten Denker unseres neuen Jahrhunderts. Wenn er von *Burn the Business Plan* spricht, meint er zum Beispiel nicht nur, dass das eine Werkzeug (Zahlen-Tabelle) um des Profits willen durch ein besseres Werkzeug (Canvas) ersetzt wird.

Der Profit und der Kunde sind nicht das Maß aller Dinge

Sondern er verabschiedet sich auch vom Prinzip „König Kunde". Es geht nicht nur darum, das zu tun, was die Masse der Menschen will. Er steht dafür, dass ein gutes Geschäftsmodell ***Profit & Impact*** in Harmonie bringt. Impact steht für soziale Auswirkung. Für ihn gehört die positive ökologische und soziale Auswirkung in den Kern jedes Geschäftsmodells. Dies ist eine Abkehr von der reinen Zahlen-Profit-Logik. Damit ist Alexander Osterwalder auch an diesem Punkt für uns ein positiver Trendsetter.

An einer Stelle geht es besser

Aber hin und wieder haben Helden eine Achillesferse. Bei der Canvas ist dies die konkrete Angebots-Logik. Die Canvas wurde geschaffen, um den grundlegenden Wertschöpfungs-Strom darzustellen. Warum das so ist, haben wir auf der vorherigen Seite beschrieben.

In der Mittel-Kammer stehen ***Nutzenversprechen*** (Value Propositions), keine Produkte. Damit hält sich die Canvas alle Formen von Wertschöpfungen offen. So können auch moderne Service-Plattformen (SaaS) in diese Logik eingeschrieben werden. Die Canvas bricht das in „Beziehungen" und in „Kanäle" auf. So kann der Nutzen „Musik hören" für „Fans" (Beziehung) als Streaming über einen digitalen Kanal angeboten werden. Ein altes Modell wäre: über den Kanal „Einzelhandel". Für große dynamische Start-ups ist diese Darstellung von Vorteil, für die meisten smarten Konzepte ist dies zu unkonkret.

SaaS = Software as a Service

Die Canvas im Original

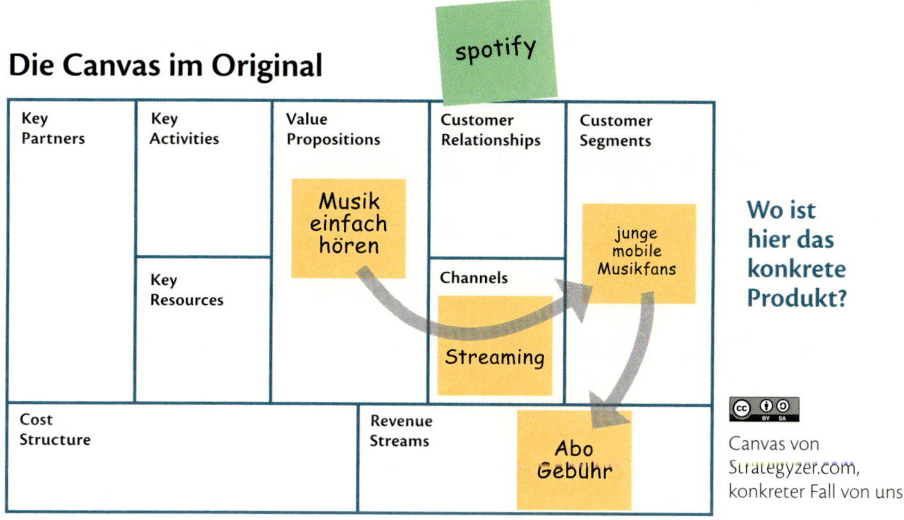

Wo ist hier das konkrete Produkt?

Canvas von Strategyzer.com, konkreter Fall von uns

Die Trennung von *Value Propositions* und *Kanälen* ist eine geniale Logik, um verschiedene moderne Geschäftsmodelle durchzuspielen. Das konkrete einzelne Produkt tritt dafür in den Hintergrund. Wer verschiedene Produkte hat, kommt in der Canvas schnell an Grenzen. Es wird unübersichtlich.

Das smarte Update

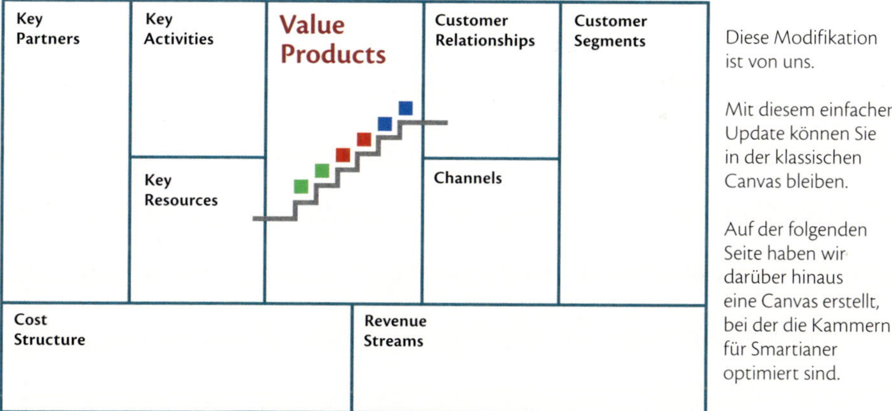

Diese Modifikation ist von uns.

Mit diesem einfachen Update können Sie in der klassischen Canvas bleiben.

Auf der folgenden Seite haben wir darüber hinaus eine Canvas erstellt, bei der die Kammern für Smartianer optimiert sind.

Sie können die Canvas mit einem einfachen Update wieder auf den Boden der smarten, schlankeren Konzepte runterholen. Setzen Sie in der zentralen Kammer einfach die Produkt-Treppe® ein. Unsere Erfahrung: Plötzlich wird das Konzept viel konkreter.

Die Solo Canvas

Gehen wir noch einen Schritt weiter und optimieren die ursprüngliche Canvas komplett für den Bedarf von Solopreneuren und Selbstständigen:

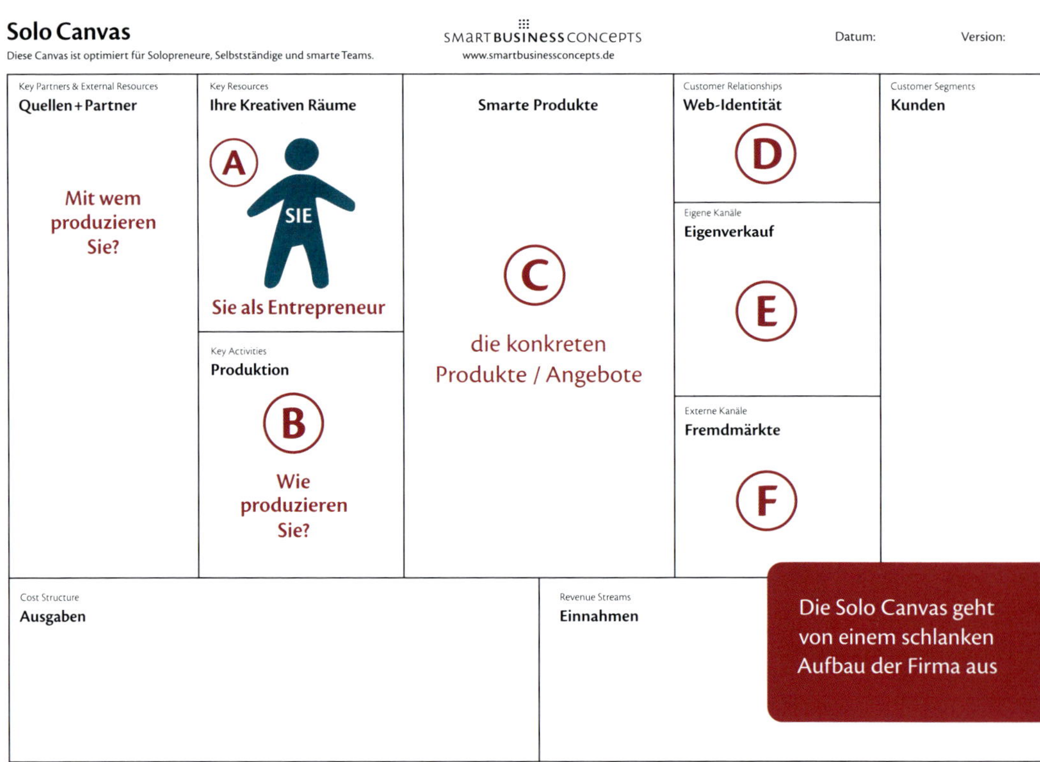

Download auf smartbusinessconcepts.de/material

Das wurde angepasst:

Key Resources werden zu Ihren Kreativen Räumen

Als Solopreneur starten Sie bei den eigenen Ressourcen (biografischer Ansatz). Deswegen wandern die *Key Resources* nach oben. Wir benennen diese „Kreativen Räume", da Ihre Schlüssel-Ressource die eigene Zeit und Kreativität ist. Mehr dazu in Kapitel 9.

B

Key Activities wird die Produktion

Sie stellen selbst her oder lassen herstellen. Je nach *Solopreneur-Typ* unterscheidet sich dieser Bereich deutlich. Bei einem Service-Modell bauen Sie z.B. ein eigenes Service-Design auf, als Experte z.B. eine entsprechende Produktion von Content-Produkten etc.

C

Value Propositions werden Smarte Produkte

Wie auf der Seite zuvor beschrieben, arbeiten wir in der mittleren Kammer direkt mit den Produkten und Angeboten. Sie können dazu Ihre Produkt-Treppe® dort hineinheften.

D

Customer Relationships wird Ihre Web-Identität

Ihre Kundenbeziehung kann vielfältig sein. So oder so wird sie sich aber bei einem smarten Konzept im Internet abbilden. Daher haben wir sie auf Ihre Website und Internetkanäle reduziert und nennen das zusammen Ihre „Web-Identität".

Die „Kanäle" unterteilen wir in der Solo Canvas in zwei Blöcke:

E

Einen Teil der Channels nennen wir Eigenverkauf

Wir unterscheiden eigene Märkte und Fremdmärkte. Auf eigenen Märkten verkaufen Sie Ihre Produkte direkt, ohne Zwischenhändler. Dies ist *Direktmarketing*, z.B. in Webinaren oder über den Newsletter.

F

Ein zweiter Teil der Channels werden Fremdmärkte

Wenn Sie Amazon oder andere Plattformen nutzen, handeln Sie nicht selbst, sondern nutzen einen Fremdmarkt. Das erkennen Sie daran, dass Ihnen dort der Traffic nicht gehört.

Die Solo Canvas ist optimiert für Solopreneure, Selbstständige und smarte Teams. Sie fokussiert auf die für sie relevanten Fragen.

Die Solo Canvas

Quellen + Partner

- Material für das Produkt
- Inhalte, Fachwissen
- Komponenten

Was bringen Sie mit?

Was sind Ihre besonderen Quellen und Stärken?

Oft kommen diese bei einem Solo-Konzept aus der eigenen Person. So ist das Wissen eines Experten eine wichtige Quelle, gespeist aus dem eigenen Wissen und externem Wissen.

Was liefern andere?

Externe Quellen: Zulieferer, Zuarbeitende, Komponenten.

Welche Partner gibt es?

Mit welchen Partnern können Sie Kooperationen aufbauen und dadurch Ihre Wirkung steigern?

Ihre Kreativen Räume

Sie sind Ihre wichtigste Ressource.

- Ihr Office
- Ihre Kreativen Räume
- Ihre Aktivitäten
- Ihre Zeit

Wie schaffen Sie sich gute Kreative Räume und vermeiden es, in Kleinkram unterzugehen?

Siehe dazu auch Kapitel 8 + 9

Erstellung

Produktion

- Was stellen Sie her?
- Wie stellen Sie es her?
- Was stellen Sie selbst her?
- Was liefern andere zu?

Das sind Ihre Produktionsprozesse. Bei einem *Smart Business Concept*: Darstellung der Prozesse über Komponenten und Steuerung über Laptop.

Smarte Produkte

Nutzen
Werte
Qualität

Ausgaben

- Wie reduzieren Sie Fixkosten?
- Wie halten Sie die Infrastruktur kompakt und schlank?
- Wie vermeiden Sie langlaufende Verpflichtungen?

Ein Smart Business Concept hält die Kostenstruktur schlank und flexibel. Komponenten helfen, die Kosten zu senken.

Wir nutzen in der vierten Spalte den Begriff des „Marktes". Wo kaufen Ihre Kunden: Bei Ihnen oder anderen? Ein Weg zum Kunden könnte sich dann zum Beispiel so darstellen: Produkt – eigener Markt – Funnel – Kunde.

Welches Produkt wird für welchen Markt in welchem Funnel beworben?

Web-Identität

- Ihre Website
- Ihre Social Media Kanäle
- Ihre Positionierung / Marke

Eigenverkauf

Eigene Märkte = Direktmärkte oder eigene Shops.

- Ihr Newsletter / Webinare
- Ihr Shop / Ihre Akademie
- Ihre Memberships

Eigene Kunden bringen stabile Einnahmen.

Fremdmärkte

Hier verkaufen Sie über die Märkte anderer. Oder andere verkaufen Ihre Produkte.

- *Amazon, eBay, Etsy* etc.
- Retail, Händler, Firmen etc.
- Messen, Verlage etc.

Kunden

Ihre Kundensegmente

Einfachste Einteilung:

- Einsteiger (Stufe 1 und 2)
- Tragschicht-Kunden
- Superuser

Eigenmarketing

Marketing

Fremdmarketing

Fremdmarketing sind zwei Dinge:

- das Marketing des Partners für Sie
- flankierendes Marketing, das Sie auf dem oder für den Fremdmarkt leisten.

Einnahmen

- Achten Sie auf positiven Cash Flow
- Reduzieren Sie klassische Angebote
- Fahren Sie smarte Angebote hoch
- Passive Einkommen setzen Sie für neue kreative Arbeit frei

Wo startet Ihre Geschäftsidee?

- *Haben Sie eine besondere Quelle?*
- *Haben Sie bereits Kunden?*
- *Haben Sie ein Thema, das Sie bewegt?*
- *Haben Sie eine Produkt-Idee?*

Siehe dazu Ideen Generator

Die Business Model Produkt-Treppe® - Back to Business

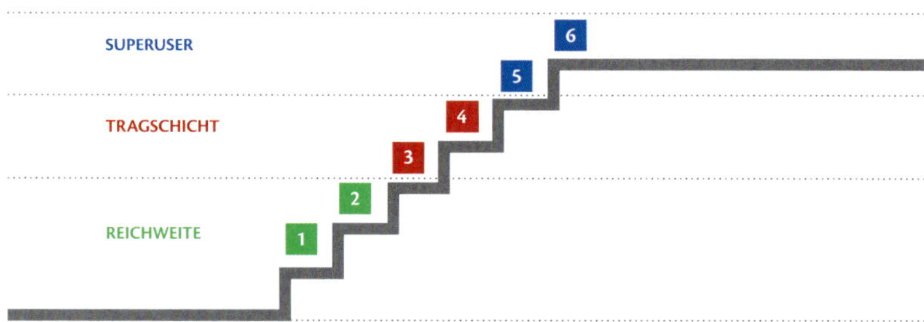

Die Produkte werden wieder Hauptdarsteller

Die Produkt-Treppe® geht einen komplett anderen Weg als die Canvas. Sie ist ein Portfolio-Modell. Auf den ersten Blick ordnet sie einfach nur sechs unterschiedliche Produktarten in einer aufsteigenden Logik. Sie kann viel mehr, doch die Einfachheit auf den ersten Blick ist gewollt.

Wie schon zu Beginn des Buches geschrieben, brauchten wir für smarte Geschäftskonzepte ein schnelles Modelling Tool. Unsere Anwender sind keine großen Konzerne oder Start-ups, die dynamische Strukturen in einer Metasicht (wieder) sprachfähig machen müssen.

Unsere Anwender sind überwiegend smarte Selbstständige *(Experten, Services, Händler, Maker, Erlebnisse)*, die ihr eigenes Geschäftskonzept schlank und leicht aufbauen. In der Arbeit mit diesen, stellten wir fest: Ein komplettes Ideen-Labor mit der Canvas aufzubauen, braucht zu viel Zeit. Die meisten kennen ihre Situation gut und haben konkretere Fragen.

Erfolg stellt sich mit konkreten Produkten ein

Wir begannen Geschäftsmodelle zu zeichnen und fielen immer wieder auf die Produkte zurück. Was bietet z.B. ein Blogger seinen Lesern als Produkt konkret an? Wer jetzt „Content" sagt, hat verloren. Viele moderne Selbstständige wissen oft nicht mehr, was eigentlich ihr Angebot ist. Dreh- und Angelpunkt wird wieder das konkrete Produkt.

Steckbrief

- seit 2014
- Portfolio-Modell
- Treppen-Modell
- 6 Stufen

> *Ein Geschäftsmodell hilft dem Gehirn, die Zukunft vorausdenken zu können. Deswegen sollte es so plastisch und konkret wie möglich sein.*
>
> Smart Business Concepts

Rechte

Die *Produkt-Treppe*® wurde von *Smart Business Concepts* entwickelt. Der Begriff *Produkt-Treppe*® und die Abbildung der Produkt-Treppe sind eingetragene Marken und geschützt. In Kapitel 7 erfahren Sie, wie Sie mit der Produkt-Treppe® arbeiten können.

Links

Webiste *smartbusinessconcepts.de*

Produkt-Treppe *smartbusinessconcepts.de/produkt-treppe*

Solo Canvas *smartbusinessconcepts.de/solo-canvas*

Downloads *smartbusinessconcepts.de/material*

Funktion der Produkt-Treppe®

Strategische Ordnung des eigenen Produkt-Portfolios. Steuerung aller Angebote nach einem zentralen Plan. Steuerung der agilen Entwicklungsarbeit durch das gesamte Portfolio.

Vorteile

- schnell und einfach
- ist visuell und agil
- konkretes Produkt-Portfolio
- für smarte Konzepte
- hat starke Wirkung auf das Gehirn = Modellbild

Nachteile + Gefahren

- Schwerpunkt auf Produkte: andere Finanzierungsströme können übersehen werden
- bisher vor allem im Bereich der smarten Geschäftskonzepte und Solopreneure bekannt

Warum wir einen Gedanken-Sandkasten brauchen

Wir bauen das Modell nicht mit unseren Gedanken. Es ist anders herum: Das Modell hilft, unsere Gedanken zu strukturieren. Unsere Gedanken wiederum sind extrem wichtig. Je klarer und stärker Ihre Zielvorstellung ist, um so eher werden Sie dieses Ziel erreichen.

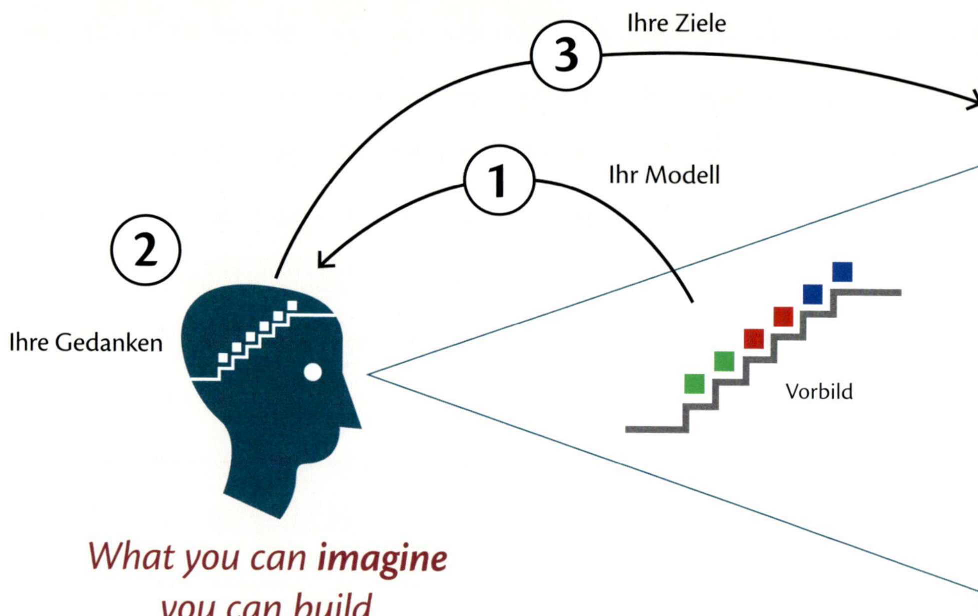

What you can ***imagine***
you can build

Fixiert uns ein Modell? Ja und Nein. Das Modell zieht uns tatsächlich in eine Richtung. Sie haben das Modell gebaut, nun wollen Sie es auch Wirklichkeit werden lassen. Agiles Arbeiten (siehe Kapitel 8) lebt aber davon, dass Sie auf dem Weg zum Ziel wendig und flexibel bleiben. Aus diesem Grund sollte ein Modell schnell formbar sein. Ein Bildhauer arbeitet z.B. mit Ton, damit er eine Änderung schnell vornehmen kann. Es macht keinen Sinn, das Modell bereits in Stein zu hauen. Visuelles Denken arbeitet meist mit Stickern, muss etwas geändert werden – kein Problem.

Zukunfts KLARHEIT

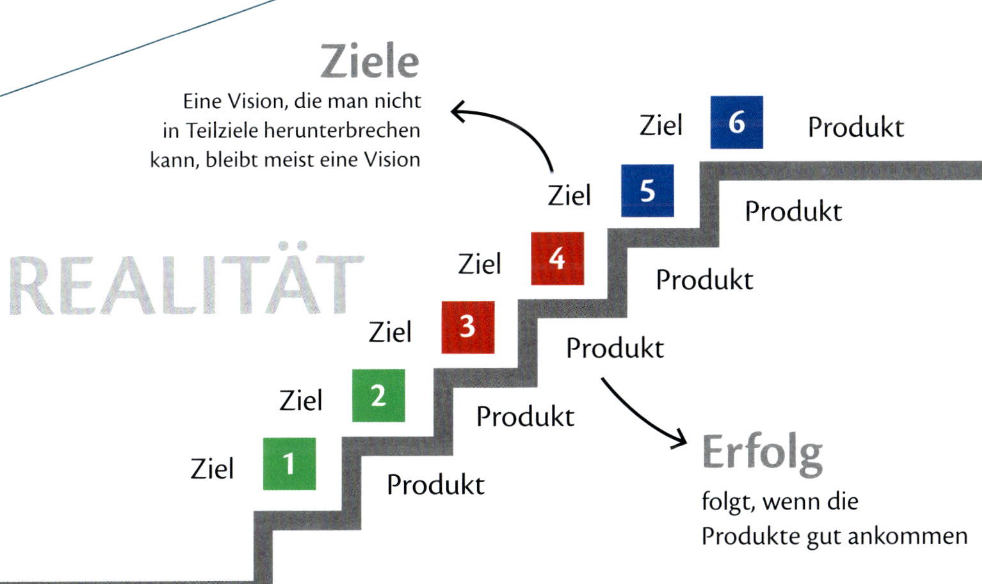

Was ist ein Produkt?

Das ist die spannende Frage. Je nach Solopreneur-Typ sehen diese anders aus. Ein Maker hat anfassbare Gegenstände. Ein Service i.d.R. dagegen nicht. Hier sind Produkte Dienstleistungen. Immer stärker im Kommen sind Wissens-Produkte. Daher nehmen Experten einen besonderen Raum ein. Für alles gilt aber die Faustformel: Ein Produkt hat eine konkrete Ausformung. Es hat einen Namen, Preis und einen Umfang.

Übung

Problem: Kunden bekommen bei Regen nasse Füße.
Ziel: Trockene Füße behalten.

Aufgabe A: ***Was ist ein gegenständliches Produkt?*** Zum Beispiel von einem Maker?

Aufgabe B: ***Was ist ein Service-Produkt?*** Zum Beispiel von einem Event-Veranstalter?

Lösung A: Rote Gummistiefel
Lösung B: Regen-Taxi-Gutschein

Wann brauchen Sie was?

Skizze

Vogel-Identifizierungs-Service

Visuell denken

Eine Skizze ist eine visuelle Notiz. Sie dient zur Vorklärung und wird nach der Klärung entweder verworfen oder zur Erinnerung archiviert.

Jede Skizze hilft dem Gehirn „plastischer" zu denken. Eine Skizze allein ist aber kein Modell.

Canvas

Canvas

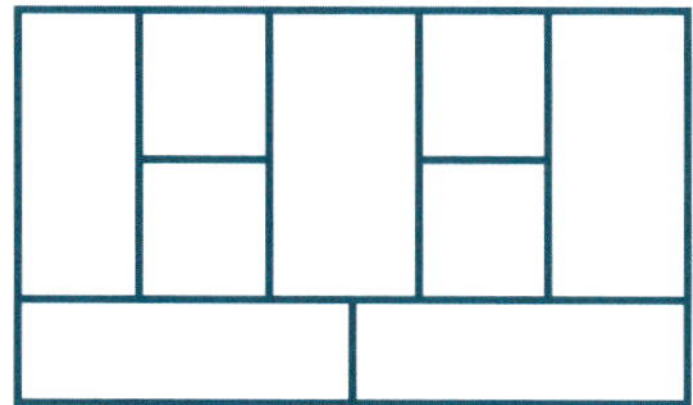

Grundlegende Annahmen

Haben Sie eine Idee, bei der Sie sich nicht klar sind, wo die Leistung und wo die Einnahmen laufen, ist eine Klärung über eine Canvas gut. Auch sinnvoll, um eigene Aktivitäten und die von Partnern zu unterscheiden.

Überblick Wertschöpfung

Der Hauptunterschied zwischen der Canvas und der Treppe ist der Grad der Abstraktion. Bei der Canvas muss das Gehirn die Bedeutung der Kammern kennen.

„Ein Geschäftsmodell beschreibt das Grundprinzip, nach dem eine Organisation Werte schafft, vermittelt und erfasst."

Business Model Generation

Wie so oft haben Werkzeuge unterschiedliche Aufgaben. Entscheidend bei der Wahl des Werkzeugs ist die Frage, ob Sie es mehr als einmal anwenden.

Produkt-Treppe®

Produkt-Treppe

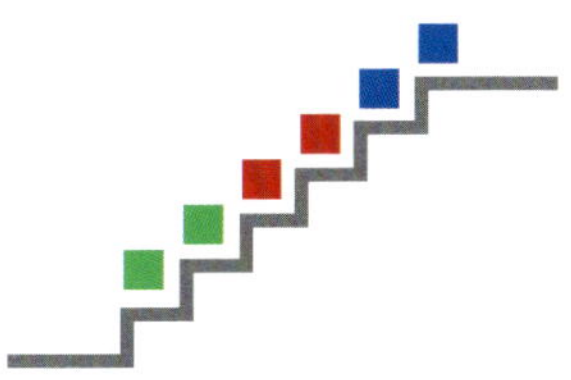

Konkretes Sortiment

Sobald Sie Ihre Angebote strategisch ordnen, greift die Treppe. Dabei erfasst Ihr Gehirn sie schneller als die Canvas. Die Treppe arbeitet auch besser im „Unbewussten", weil sie neuronal besser bewegt werden kann.

Tabelle

1.200	120	10
250	120	10
250	120	10
	2.000	
1.700	2.360	30

Konkrete Zahlen

Geht es an Preise, an Ertrag und Stückzahlen, brauchen Sie eine Tabelle. Diese macht aber erst Sinn, wenn Sie wissen, WAS Sie überhaupt berechnen wollen. ***Faustformel:*** Erst sollte eine (grobe) Produkt-Treppe® stehen.

Plastizität – Stimulation Gehirn

„Ein Geschäftsmodell hilft dem Gehirn, die Zukunft vorausdenken zu können. Deswegen sollte es so plastisch und konkret wie möglich sein."

Smart Business Concepts

Die Treppe ist intuitiv.
Die grundlegende Anwendung erklärt sich fast von allein. Das Gehirn hat „echte" Produkte, um zu spielen.

Fragen Sie sich: Welches Werkzeug wird mein ständiger Begleiter? Wo haben Sie die Methoden verstanden und werden sie auch wirklich nutzen.

Gönnen Sie sich ein Geschäftsmodell

Dieses Buch ist parteiisch. Wir möchten Sie für die Produkt-Treppe® gewinnen. Aber es geht im Kern um eine grundlegendere Sache:

Arbeiten Sie auf jeden Fall mit einem visuellen Modell!

- Ein visuelles Modell Ihres Geschäftskonzeptes hilft Ihnen
- Es ist Ihr Gedanken-Sandkasten, in dem Sie spielen können
- Viele Schachzüge werden dort vorgedacht, dann erst getestet
- Welches Werkzeug Sie nutzen, ist Geschmackssache

- Unterscheiden Sie Ihr Geschäftsmodell von Produkt-Modellen. Ein ***Business-Modell*** ist ein Strategie-Modell und daher in der Regel eine 2D-Visualisierung. ***Produkt-Modelle*** bauen vor. Sie tun so, als wenn das Produkt schon da wäre. Mockups und Prototypen imitieren.

Spielen Sie mehr und achten Sie auf Sinn

Kreativen Menschen leuchtet es unmittelbar ein, dass sie mit Zetteln, Farben und Grafiken arbeiten. Zahlenmenschen sträuben sich hin und wieder. Tun Sie es trotzdem: Sie können über ein Modell mehr Ebenen verknüpfen und bedenken als in einer flachen Tabelle. Auch kommt Ihr Gehirn in den „Spielmodus". Der Fun-Faktor ist wichtig. Ihr Gehirn mag Modelle, Grafiken und mehrdimensionale Räume.

Und es gibt noch einen tieferen Grund: Reine Zahlengerüste zersetzen irgendwann Ihre Motivation, ***da sie früher oder später die Sinnebene verlieren.*** Ihre Werte (Ihre Inhalte, der Nutzen für Ihre Kunden) leuchten besonders in Ihrem visuellen Modell. Sie müssen dort über den Sinn des Ganzen nachdenken. Wenn Sie dagegen irgendwann als herzloser Abzocker enden wollen: Arbeiten Sie nur mit einer Tabellenkalkulation.

Fazit: Wählen Sie Ihr Business-Modell-Werkzeug und arbeiten Sie damit regelmäßig. Es ist wie mit dem Sport: Sport hat keine Auswirkung, wenn Sie nur ein Buch darüber lesen. Aber es krempelt Ihr Leben um, wenn Sie regelmäßig laufen (oder schwimmen, oder Rad fahren ...).

Zusammenfassung

Unser Gehirn liebt (braucht) Visualisierungen und Modelle

- Eigentlich ist unser Gehirn ein Wackelpudding, nicht für Strategie gut
- Skizzen, Modelle und Konzepte helfen uns, die Spur zu legen
- Je klarer Ihr Ziel, um so wahrscheinlicher ist die Ziel-Erreichung

Die Visualisierung hat beim Geschäftskonzept die Zahlen verdrängt

- Früher wurde (fast) ausschließlich über Tabellen modelliert
- 2010 begann mit der *Business Model Canvas* die visuelle Revolution
- Die Produkt-Treppe® visualisiert Ihr Produkt-Portfolio sehr schnell

Produkte sind der Schlüssel zum Erfolg

- Wer es schafft, konkrete Produkte (Angebote) zu verkaufen, hat Erfolg
- Wer nur eine Idee hat, aber keine fertigen Produkte, kann dies nicht
- Deswegen rücken wir im Business Model das Produkt nach vorne

Sie sind mit diesem Schritt fertig, wenn Sie dies beantworten können:

Warum braucht Ihr Gehirn zwischendurch Hilfe?

Denken Sie kurz über sich persönlich nach.

Wollen Sie in Zukunft mit einem visuellen Modell arbeiten?

Kurze Ja- / Nein-Antwort mit großer Folge.

02 FERTIG

Zeit für Pause und Notizen

Die schnelle erste Arbeit kann mit dem Arbeitsblatt erfolgen. Solo ist ein kleines Format oft von Vorteil: Sie können in jeder Ecke gut arbeiten.

Kapitel 3 – Start und Grundfunktionen

Die Produkt-Treppe®

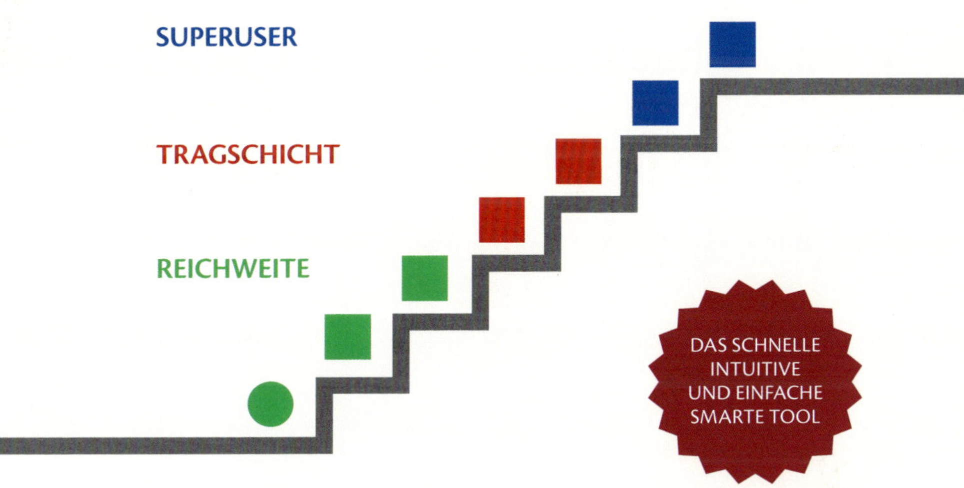

3 Funktions-Schichten und 6 Produkt-Stufen

Wenn Sie bisher Ihr Geschäftsmodell aus dem Bauch heraus entwickelt haben, dann wird es Zeit, die Dinge zu ordnen. Die Treppe zwingt Sie zu einer einfachen Ordnung.

Das lohnt sich.

Die sechsstufige Produkt-Treppe®

Ihre Treppe kann eine beliebige Anzahl von Stufen haben. Trotzdem raten wir, zu Beginn mit sechs Stufen zu arbeiten. Bei den meisten Konzepten passt das gut und bewahrt Sie vor zu vielen Produkten.

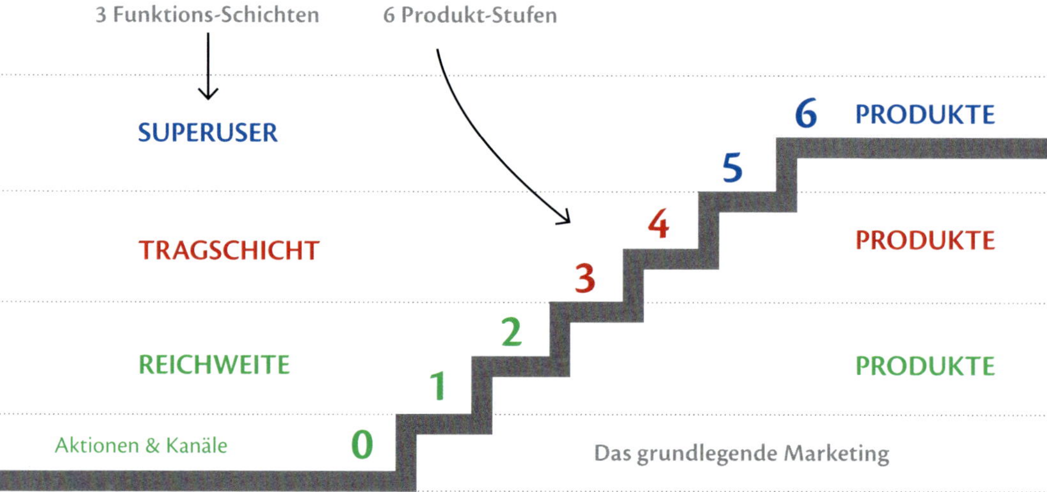

Die Treppen-Logik

Ihre Produkte sind aufsteigend geordnet. Die meisten Ihrer Kunden werden Ihre Angebote auf Stufe 3 oder 4 nutzen. Wenige steigen höher auf die 5 oder 6. Es ist nicht zwingend, dass ein Kunde die Reihenfolge 1 bis 6 einhält. Ein Kunde könnte zum Beispiel auch sofort die 5 buchen. In der Praxis ist das selten, Sie bauen die Treppe aber so, dass es möglich wäre.

Warum die Treppe in diese drei Schichten gegliedert ist, erklären wir ausführlich im nächsten Kapitel „Die Magie der drei Schichten".

Zunächst füllen wir die Treppe einmal probeweise.

Superuser Ganz oben gibt es hochpreisige Angebote für Superuser. Schaffen Sie es, dass ca. 5-10 Prozent Ihrer Kunden auch hier kaufen, geht es Ihnen finanziell sehr gut. Die Superuser sind in der Regel nicht vom ersten Tag an da. Sie kommen später.

Tragschicht In der Mitte stehen Ihre „Arbeitspferde". Diese Produkte sind für den Grundumsatz verantwortlich. Verkaufen sich diese Produkte gut, ist alles in Ordnung.

Reichweite Die ersten Produkte bauen Reichweite auf und werden häufig (aber nicht immer) verschenkt. Wenn Sie hier Produkte verkaufen, decken Sie meist gerade die Kosten. Kunden steigen hier in Ihre Treppe ein.

Stufe 1 Auf Stufe 1 steht Ihr erstes konkretes Angebot bei dem ein Interessent seine (E-Mail) Adresse hinterlässt. Es kommt zur Interaktion. Oft ist dies das Opt-in in Ihren Newsletter (den wir als Produkt sehen). Oder zum Kauf bzw. Buchung eines niedrigschwelligen Angebots. Hier zählen nur eigene Opt-ins. Ein Twitter-Follower ist zum Beispiel nicht bei Ihnen im System, sondern bei Twitter.

Ebene 0 Die Ebene 0 vor dem Fuß der Treppe ist der Anfahrtsweg zu Ihrer Treppe. Hier stehen Ihre Aktionen & Kanäle. Auf dieser Ebene bewegen sich „Interessenten" oder Sie gehen in die „Öffentlichkeit". Ihr gesamtes vorgelagertes „normales" Marketing passiert dort. Beispiele:

- Ihre Website
- Ihr Blog
- Wichtige Social Media Kanäle

Es wird später noch zusätzliche Funnels auf einzelne Ihrer Produkte je Stufe geben (können). Die 0 ist quasi ihre „Marketing-Grundausstattung".

Sechs Stufen, das scheint einfach

Sie haben die Produkt-Treppe® gesehen. Das sieht nicht zu kompliziert aus. Dann springen wir doch gleich einmal ins Wasser.

Rechts finden Sie eine harmlose Aufgabe:

Ordnen Sie Ihre Angebote der Wichtigkeit nach auf Ihrer Produkt-Treppe®.

Mehr als ein erfahrener Entrepreneur hat sich an dieser Aufgabe zunächst die Zähne ausgebissen. Denn was einfach klingt, verlangt genau dies: eine hohe Klarheit und Einfachheit. Smarte Geschäftskonzepte sind simpel und diese Treppe zwingt Sie, einfach zu werden.

Wir meinen das ernst mit den 6 Stufen.

Hören Sie auf, einen breiten, ungeordneten Bauchladen vor sich herzutragen! Heute dies, morgen das. Werden Sie konsistent und stabil. ***Werden Sie endlich eine eigene, starke Marke.*** Dazu müssen Sie sich fokussieren und konsequent einmal wie Ihre Kunden denken. Was erwarten diese wann? Auf Ihrer Treppe ist kein Platz für Unentschlossenheit.

Nur die besten Angebote kommen in die engere Wahl.

- Welches Ihrer Angebote ist ein Einsteiger?
- Welches steht im Mittelpunkt?
- Was kommt an die Spitze?

In der Regel kommen hier sofort die ersten Fragen:

- Was verstehen Sie unter einem Spitzenprodukt?
- Was ist ein gutes Einsteiger-Produkt?
- Muss ich alle 6 Stufen füllen, kann es auch weniger sein?
- Darf ich nur ein Produkt pro Stufe verwenden?

Das sind alles sehr gute Fragen.

Gehen wir das im Detail durch. Rechts ist die Übung für Sie, auf den nächsten zwei Seiten ein kleines erstes Fallbeispiel, um reinzukommen.

Die Café-Haus-Übung

Eine ganz einfache Aufgabe

Setzen Sie sich irgendwann in Ruhe in ein Café oder an einen anderen stillen Platz. Nehmen Sie sich dort ein Blatt Papier.

- Dann zeichnen Sie eine Treppe
- Mit 6 Stufen. Keine mehr, keine weniger
- Nun stellen Sie sich Ihre wichtigsten 6 Angebote vor
- Stufe 1+2 sollen Reichweite aufbauen, also unverschämt attraktiv sein
- Die anderen verdienen das Geld. Stufe 3 ist Ihr Standardangebot
- Was würden Sie wo auf Ihrer Produkt-Treppe® platzieren?

Kleiner Tipp

Wenn Sie Ihr wichtigstes Produkt auf die 1 stellen, haben Sie Ihren ersten Fehler gemacht.

Übung Stellen Sie sich vor, Sie wollen Krimi-Autor werden

Eine weitere kleine Übung, um die Sache mit der Einfachheit zu zeigen.

Zeichnen Sie einmal die Treppe eines Krimi-Autoren.

Smarte Geschäftskonzepte sind oft Konzepte, die nicht ganz in der Norm liegen. Krimi-Autor wäre ein solches Geschäftsmodell. Wir würden es als „Erlebnis-Modell" bezeichnen, da Sie Erlebnisse im Kopf anderer schaffen.

- Wie verdienen Sie aber mit diesen „Erlebnissen" Geld?
- Wie geht das Geschäftsmodell „Krimi-Autor_in"?
- Was gehört jetzt dazu, was lassen Sie weg?

Eigentlich müssten wir das in der Schule lernen. Wie baut man eine Selbstständigkeit? Unser Bildungssystem tut das nicht. Wenn Sie z.B. Literatur studieren, werden Sie wenig zu Geschäftsmodellen hören. Das ist mit vielen modernen (digitalen) Selbstständigkeiten so. Vieles ist möglich, aber es gibt keine Bauanleitungen. In der klassischen BWL lernen Sie Industrie-Management-Theorie, das hilft nicht wirklich. Vor diesem Problem stehen *Podcaster, Online-Services, Maker* etc. gleichermaßen.

Aber Sie brauchen als moderner Autor sehr wohl ein Geschäftsmodell. Es ist zum Beispiel ein großer Unterschied, ob Sie selbst einen eigenen Verlag gründen oder für einen Verlag schreiben. Geben Sie im Internet das Suchwort *„Selfpublishing"* ein, werden Sie sofort fündig. Viele Blogs beschäftigen sich mit diesem Thema. Es gibt eine ganze Reihe aktuell erfolgreicher Krimi-Autoren und viele Tipps.

Role-Models (Personen als Vorbilder) sind aber noch kein Geschäftskonzept. Sie haben immer noch keine Vorstellung, was Sie eigentlich tun müssen (*die Antwort „Bücher schreiben" wäre uns zu schwammig*). Um zu erfassen, welche unternehmerischen Tätigkeiten auf Sie zukommen, nehmen Sie die Produkt-Treppe® und verteilen darauf Ihre „Produkt-Gattungen". Rechts haben wir das einmal getan. Natürlich könnte die Treppe auch anders aussehen, es gibt diverse Geschäftsmodelle für Autoren.

Mögliche Produkt-Treppe® eines Krimi-Autors

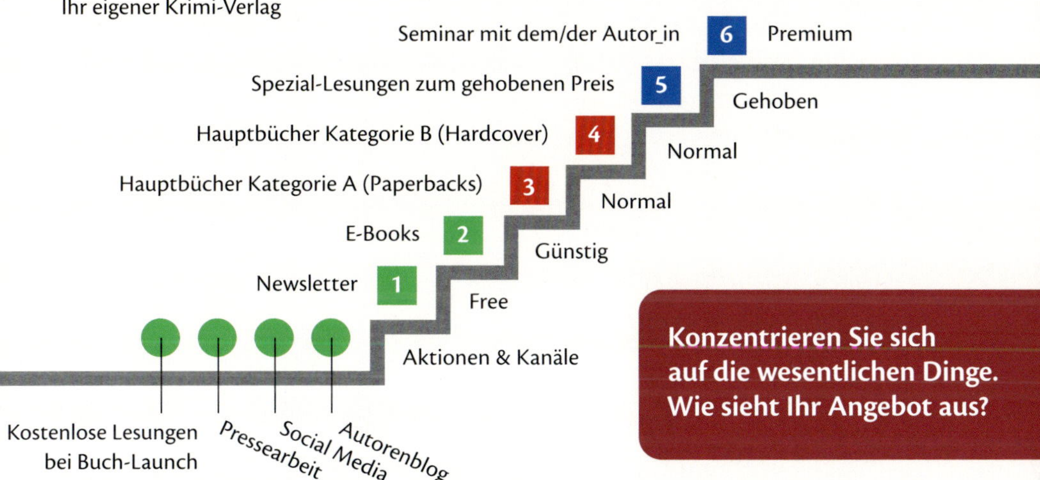

Die Einfachheit der Skizze ist das Ziel.

Schaffen Sie es, Ihr Geschäftsmodell auf der Treppe zu ordnen, haben Sie sofort ein besseres Bild, was Sie (in diesem Fall als Autor) aufbauen. Sie sehen außerdem: Auf der Treppe fallen Entscheidungen. Zum Beispiel wird hier auf Stufe 3 und 4 in ***Paperbacks*** und ***Hardcover*** unterschieden. Es gibt in der Realität alternativ reine *Paperback-Publisher* und reine *Hardcover-Publisher* (oft bei Sachbüchern) Macht eine solche Unterscheidung Sinn? Oder doch nur E-Books? Das sind zentrale Fragen nach Produkt-Gattungen.

Wie finden Sie Ihre eigene Systematik?

Sie wollen wahrscheinlich keine Krimis schreiben. Vielleicht sind Sie auch nicht nur eine Person, sondern ein Team. Aber darum geht es nicht. Unser Programm basiert darauf, Ihnen Überblick zu geben, damit Sie in Gang kommen und anfangen, Thesen für Ihr eigenes Konzept aufzustellen. Gleich, woran Sie gerade arbeiten, in der Regel haben Sie Ihr Modell noch nicht im Kopf. Sie haben meist ein Ziel „als Autor Geld verdienen". Das ist aber kein Geschäftskonzept. Ein Geschäftskonzept sagt, wie das funktionieren soll.

Erste Regel für Treppengänger = Produkte!

Auf der Produkt-Treppe® stehen Produkte. Als Symbol für ein konkretes Angebot steht jeweils ein farbiges Viereck. Um Produkte auf Ihre Treppe stellen zu können, müssen Sie Produkte haben! Schwache Produkte führen zu einer schwachen Treppe. Viele Firmen oder Selbstständige denken aber noch wie Dienstleister: *Rufen Sie uns an und wir kommen gerannt.* Das ist nicht smart. Der Job-Modus führt in die falsche Richtung.

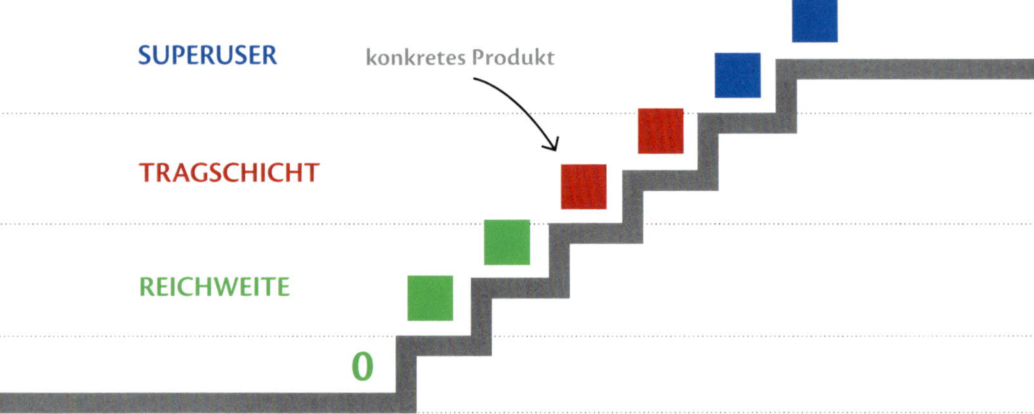

Von daher ziehen Sie zunächst Bilanz

- Welche Produkte haben Sie überhaupt?
- Wo stehen diese auf Ihrer Treppe?
- Was unterscheidet Ihre Angebote voneinander?

Die Produkt-Treppe®

- ordnet Ihre Angebots-Struktur
- stellt die Frage nach Ihrem Gesamtkonzept
- bildet eine erste Marketing-Logik (aufsteigende Produkt-Folge)
- bereitet die Struktur für digitale Prozesse vor

Aktivieren Sie den Produkt-Modus!

Die meisten Selbstständigen denken und arbeiten im ***Job-Modus.*** Sie arbeiten gegen Stundenlohn oder in einzelnen Projekten. Jeder Job, jedes Projekt ist anders.

Auf die Produkt-Treppe® gehören Produkte. Wer sagt: *„Ich bin Webdesigner und biete Webdesign"*, denkt noch wie ein Freelancer. Wenn Sie dagegen einen Web-Design-Service anbieten, dann wären konkrete Produkte bestimmte Service-Level oder Design-Pakete (*Productized Services*). Um Produkte klar zu definieren, helfen die **5 *Solopreneur-Typen***:

		Sie stellen auf die Produkt-Treppe®	
Der Produzent	Produkt Modelle	Selbst produzierte Uhren, Food, Keramik, Geräte etc. Sonderfall Softwaremaker.	*Eigene Ware*
Der Händler	Sortiments Modelle	Die Ware, die Sie verkaufen, sortiert nach den ganz großen Warengruppen.	*Fremd-ware*
Der Experte	Experten Modelle (Inhalt)	Ihre Wissensprodukte, von Buch über Seminare bis hin zu digitalen Kursen etc.	
Der Service	Service Modelle	Problemlösungen aller Art, in Form von Servicepaketen oder Abomodellen.	
Der Kreative	Erlebnis Modelle	Jedes Erlebnis, das Sie über ein Ticket / Download / Produkt liefern können.	

Ein Produkt ist jegliche Form eines ***konkreten*** Angebots

- es ist ***begrenzt*** durch eine Verpackung, Form, Termin oder Menge
- es hat einen ***Namen***, eine ***Gattung*** und gehört zu einer ***Marke***
- es hat einen ***Preis*** (aber nicht immer in Form von Geld)
- es hat einen ***Zugang*** (bestellbar über ein Formular / Shop / Coupon)

Unterscheidung zwischen klassisch und smart

Die Umstellung von klassischer Einzel-Job-Arbeit zu echten eigenen Produkten ist schwer. Das gelingt nicht immer und ist auch nicht immer gewünscht. Wir vergleichen einmal als Experiment den gleichen Berater mit identischem Thema in zwei sehr unterschiedlichen Aufstellungen.

Ein klassischer Berater

hat nach wie vor Projekte und 1:1-Beratung im Portfolio. Daher sind alle seine für den Umsatz wichtigen Einnahmen (Stufen 3 bis 6) von den Wünschen seiner Kunden abhängig. Er kann seine Termine und den Ort, wo er arbeitet, nicht selbst steuern. Ohne Beratungs- oder Coachingaufträge brechen seine Umsätze sofort ein.

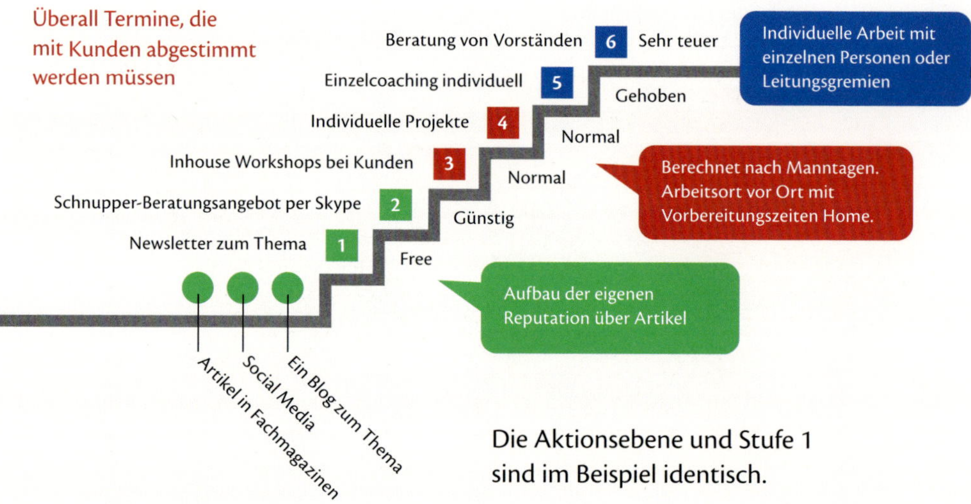

Beobachtung

In dieser Aufstellung geht es um Beratung, also von Anfang an um die Einarbeitung in die Situationen der Kunden und Coachees. Es kann dafür klassische Beratungsformate geben, nicht aber eine standardisierte Bearbeitung, da die Kunden individuell begleitet werden wollen.

Achten Sie darauf, das System klar zu halten

Sie können natürlich smarte und klassische Formate auf der Treppe mischen. Sie müssen aber darauf achten, dass Sie möglichst klare Bereiche bekommen. Sonst fangen Sie sich die Nachteile aus beiden Welten ein, ohne den Vorteil aus einer zu haben.

Ein smarter Berater

arbeitet dagegen ausschließlich über Produkte + Angebote, bei denen er selbst die Termine bestimmen kann, wie selbstvermarktete Workshops etc. Damit kann er sich einen eigenen Jahres-Rhythmus entwickeln und ist streckenweise komplett ortsunabhängig, wenn er aufpasst, die Gruppentermine kompakt in einen Zeitslot zu legen.

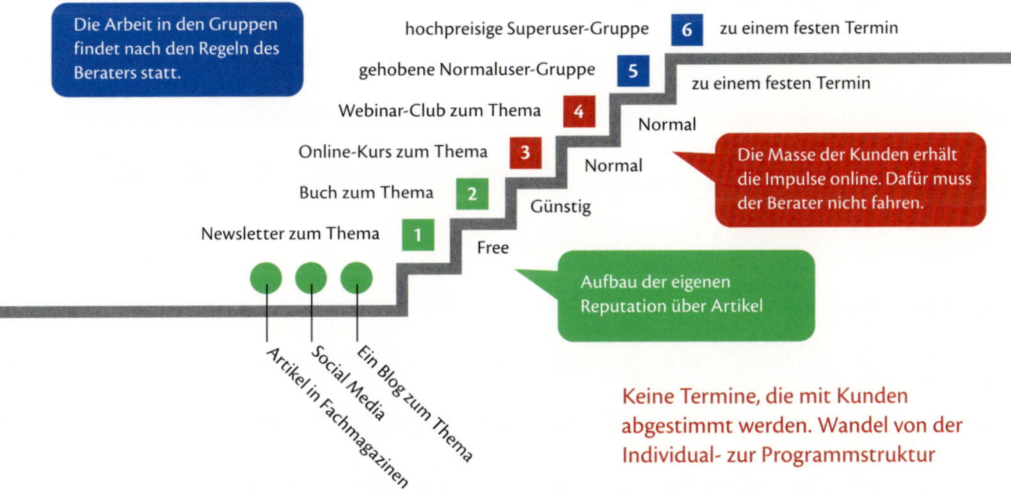

Beobachtung

Auf dieser Produkt-Treppe® wird der Inhalt standardisiert in einem Buch, einem Kurs und ab dann in Gruppen-Formaten ausgeliefert. Im Club und in den Gruppen wird der Berater zwar auch Termine wie sein klassischer Kollege haben, er ist aber unabhängiger, da er diese Termine selbst steckt.

Starten Sie auf der 3

Sie haben Ihre Produkte gesammelt. Wie bauen Sie nun die Treppe auf? Wir empfehlen bei der Planung mit dem Angebot zu beginnen, mit dem Sie am meisten und regelmäßigen Umsatz machen wollen. Zumindest in der Theorie. Ob es wirklich so kommt, wird sich später im Markt zeigen. Stellen Sie Ihr „Standard-Arbeitspferd" auf die Mitte der Treppe. Damit haben Sie zwei Stufen, um auf dieses Produkt hinzuarbeiten und drei höhere Stufen, um zufriedenen Kunden weitere Angebote zu machen.

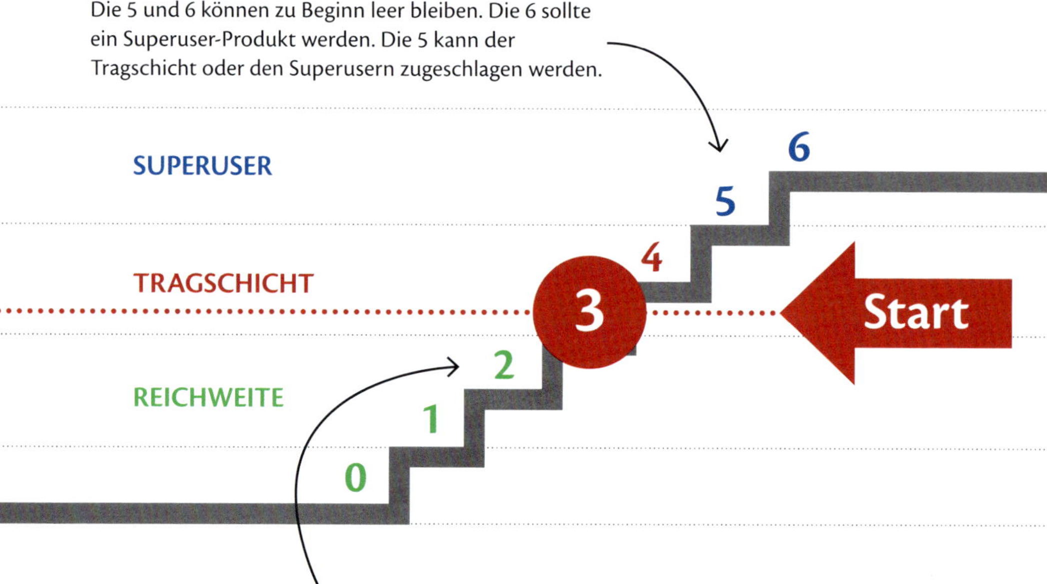

Anzahl Stufen

Wir raten zu sechs Stufen. Sie können auch mit weniger oder mehr arbeiten. In der Praxis haben sich aber sechs Stufen bewährt.

Ein Produkt oder eine ganze Produkt-Linie ?

Die Entscheidung, ob auf Ihrer Stufe 3 „nur“ ein Produkt steht oder eine ganze Produkt-Linie, ist bereits eine wichtige Weichenstellung. Bündeln Sie Ihr Marketing z.B. auf einen einzigen zentralen Online-Kurs oder auf eine Akademie (mehrere Online-Kurse)?

Pro Stufe steht entweder ein einziges Produkt oder eine gleichförmige Art von Produkten (Serie, gleicher Preis, Produkt-Linie). Einzelprodukte können mit Produktlinien wechseln.

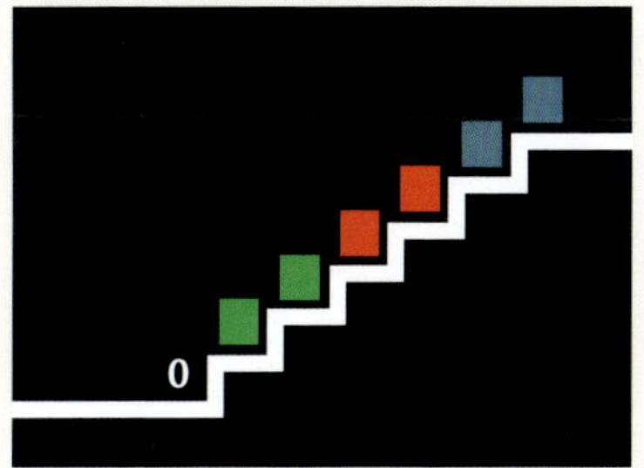

In der Visualisierung verwenden wir meist nur einen Produkt-Zettel

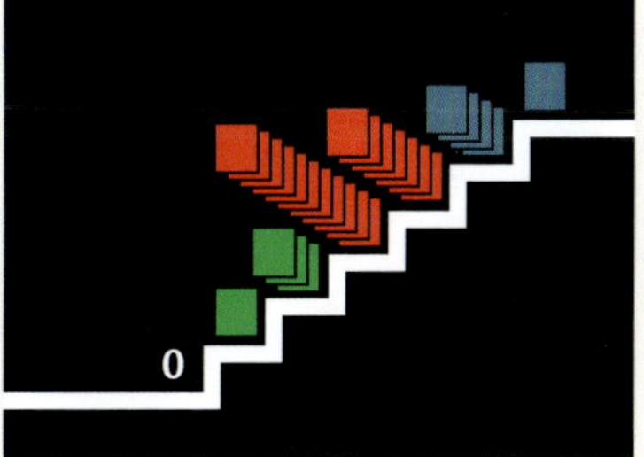

Dahinter stecken aber oft ganze Produkt-Linien

Nehmen wir an, Sie bauen ein Experten-Modell: Dann könnte ein Kongress ein Anker-Produkt von Ihnen sein und allein auf Stufe 3 stehen (wenn Sie mit diesem Kongress wichtige zentrale Einnahmen generieren.)

Auf anderen Stufen könnten dagegen *Produkt-Linien* stehen. Haben Sie z.B. 20 E-Books zum Preis von 5 €, heißt die Produktstufe „E-Books 5 €“. Solch niedrige Preisklasse wäre eher auf der 2 oder der 1 zu finden.

Eröffnen Sie eine Produkt-Linie, müssen Sie nicht sofort mit allen Produkten der Linie starten. Am Anfang steht häufig nur 1 Produkt pro Stufe, später können daraus ganze Produkt-Linien werden. Eine Buch-Serie kann z.B. mit einem Buchtitel eröffnet werden. Aber Sie sollten wissen, ob es eine „1-Produkt-Stufe“ oder eine „Produkt-Linien-Stufe“ ist. Das Marketing unterscheidet sich.

Und dann arbeiten Sie sich zuerst nach unten

Kennen Sie Ihre 3, dann konzentrieren Sie sich zunächst auf die Stufen darunter, die 2 und die 1. Denn ohne Reichweite verhungert Ihr Angebot.

Eine klassische Strategie wäre, auf Stufe 1 einen ***Newsletter*** anzubieten. Ein Newsletter ist für uns ein eigenständiges Produkt, da er einen Namen und ein konsistentes Format haben sollte. Anders als bei einem Social Media Kanal gehört Ihnen dieses Format ganz allein. Sie sind hier tatsächlich der Inhaber des Newsletters. Twitter oder Facebook gehört Ihnen nicht.

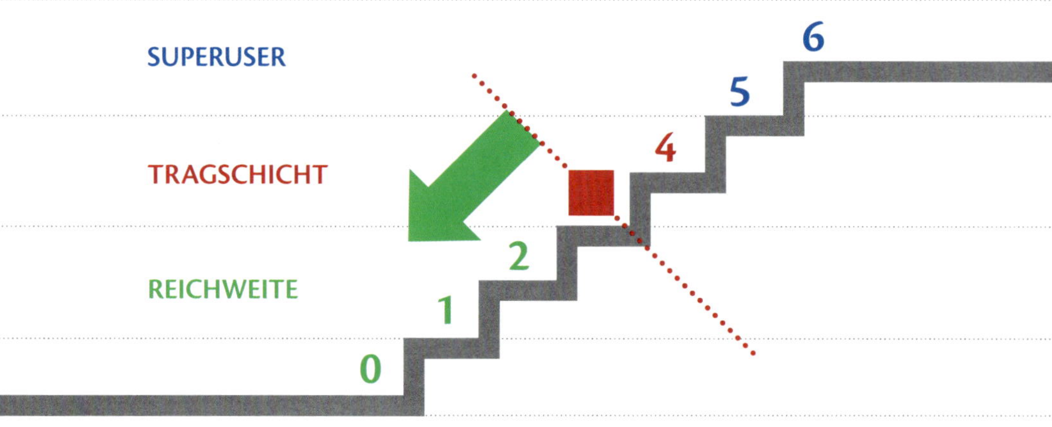

Die Angebote auf der 1 und 2 moderieren die 3 an

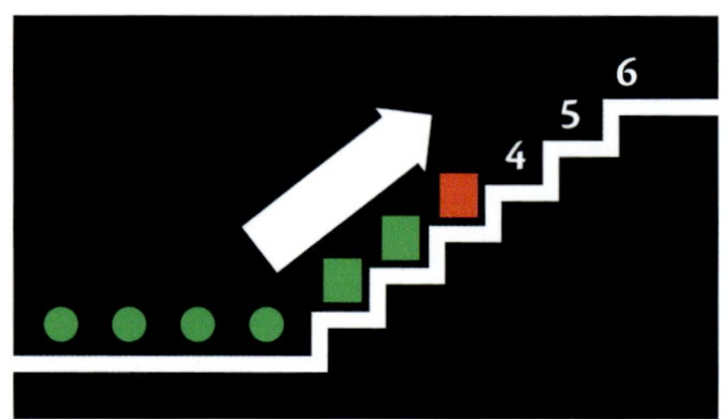

Aufstieg in der Treppe
In der Regel braucht es etwas Zeit, bis ein Kunde Ihr Standard-Produkt kauft. Auf Stufe 1 und 2 wird die Beziehung etabliert.

Reichweite – Ihr unverschämt guter Einstieg in die Treppe

Unten auf der Treppe erzeugen Sie Reichweite. Ihr Angebot dort kann unterschiedlich aufgebaut sein. Im Online Marketing wird oft auf Stufe 1 oder 2 von *Lead-Magneten* oder *Tripwire-Produkten* gesprochen.

Lead-Magnet Einstieg in Kommunikation, Hinterlegung Kommunikationsdaten	Etwas, das anzieht. In den USA oft ein kostenloser Download gegen die Kontakt-Daten. ACHTUNG: In Deutschland wegen der DSGVO solche Methoden nicht einfach kopieren. Ein Lead-Magnet kann auch ein sehr günstiges erstes Produkt sein. Dann ist es fast identisch mit einem Tripwire-Produkt. Ein Lead-Magnet steht am Anfang eines Funnels. Es ist also nicht eine einzelne Aktion (Sale), sondern zieht in eine nachfolgende Kommunikation.
Tripwire-Produkt Erste Nutzung des Payments, Hinterlegung Zahlungsdaten	Ein supergünstiges Kaufprodukt. Wir finden das Bild eines „Stolperdrahts“ blöd und sprechen lieber von einem „unverschämt guten Angebot“. Der Preis soll so günstig sein, dass kein wirklicher Interessent zögert, sich das Produkt zu kaufen. Oder wie ein jüngerer Online-Entrepreneur zu uns sagte: „ein No-Brainer“. Meist wird ein Preis zwischen 5 bis 10 € empfohlen. Ob das aber Ihre niedrigste Schwelle ist, hängt von dem Preisniveau Ihrer gesamten Treppe ab.
Signature-Angebot Erste Probe der Gesamt-Qualität	Ein Angebot, das in verkürzter Form bereits alle Merkmale der nachfolgenden Produkte in sich trägt. Beispiel: Bei einem Experten eine Keynote, die alle wichtigen Fragen stellt und erste Antworten gibt (Meister-Kostprobe).

Wir sprechen an vielen Stellen vom Lead-Magnet, da wir auf Stufe 1 oft empfehlen, den Interessenten zunächst für einen Newsletter zu gewinnen.

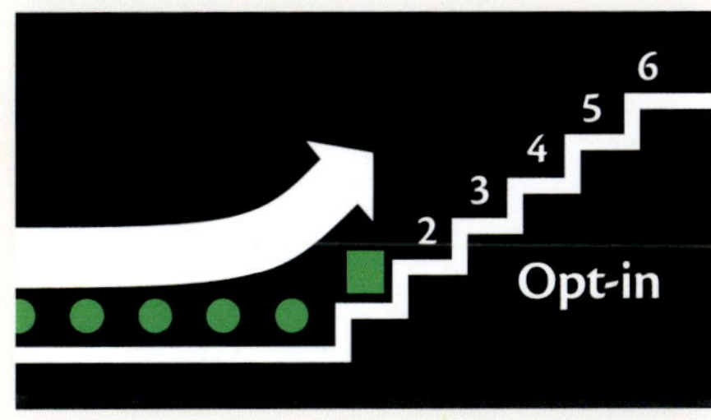

Einstieg in die Treppe

Ziel ist es, dass Ihre Kunden in Ihre Treppe „einsteigen“. Häufig ist dies gleichzeitig der Einstieg in Ihr Thema. Was interessiert zu Beginn an Ihrem Thema?

Vier Beispiele

Hier vier stark schematisierte Treppen. In realen Beispielen würde jedes Produkt einen eigenen Namen bekommen und seinen Preis tragen.

Ein Handels-Modell

Jeder Händler wird in Zukunft einen Onlineshop brauchen. Wie sieht dieser aus?

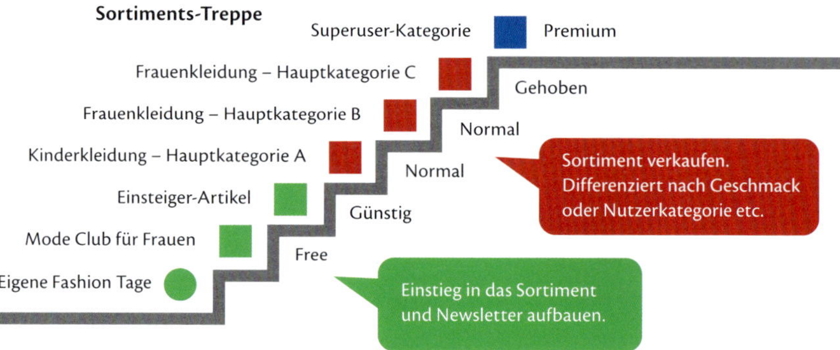

Ein Service-Modell

Service-Architekturen sind ein großes Thema beim Umbau klassischer Firmen in Richtung Online. Wie können Sie brauchbare Service-Level abgrenzen?

Verkauf denkbar über Abos oder Tickets.

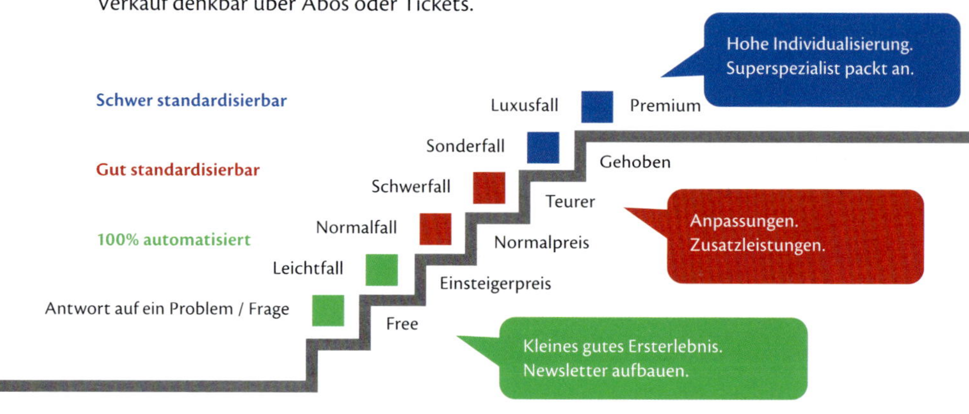

Ein Experten-Modell

Hier ein Blogger. Wer von einem starken Social Media-Kanal leben möchte, braucht eine dezidierte Produkt-Treppe® hinter dem eigentlichen Sender. Werbeeinnahmen reichen bei den Normalsterblichen nicht aus. Der Produkt-Mix macht es.

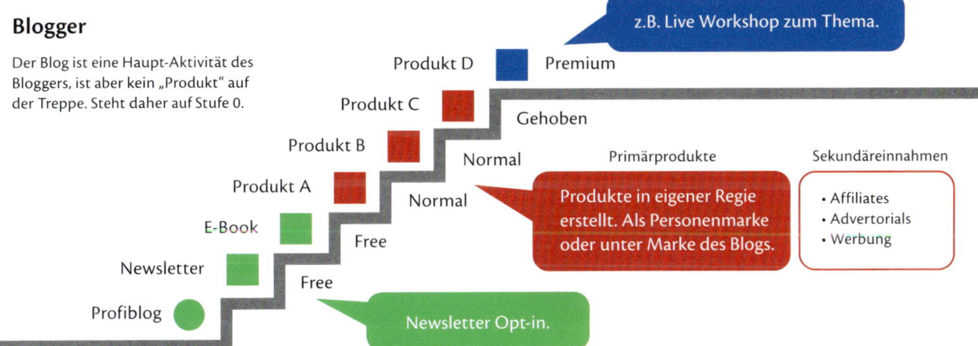

Ein Erlebnis-Modell

Ein standardisiertes Erlebnis wird über ein Ticket gebucht oder über ein Produkt verkauft. Ein recht simples Erlebnis ist z.B. ein Kinobesuch: Sie buchen einen Sitzplatz für 90 min. Viele smarte Online-Entrepreneure haben Outdoorangebote, Fitness, Reisen. Erlebnisse haben aber viele Facetten. Spiele, Theater, Stories. Wie könnte Ihre Erlebniswelt aussehen?

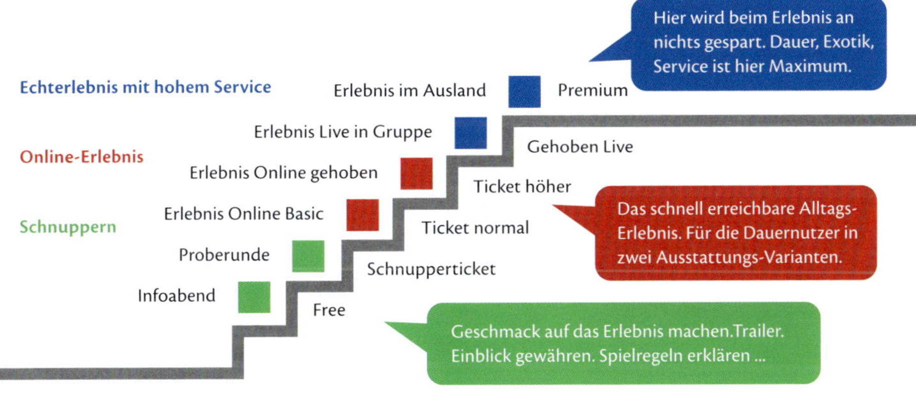

Sechs Dinge, die nicht funktionieren

Modelle scheitern oft an falschem Verhalten. Wenn Sie Ihre Produkt-Treppe® planen, fragen Sie sich, ob Sie Ihr geplantes System auch durchhalten. Vermeiden Sie eine Disbalance. Also Segmente unter- oder überzubestücken oder zu verwirren.

Closed-Shop-Fehler

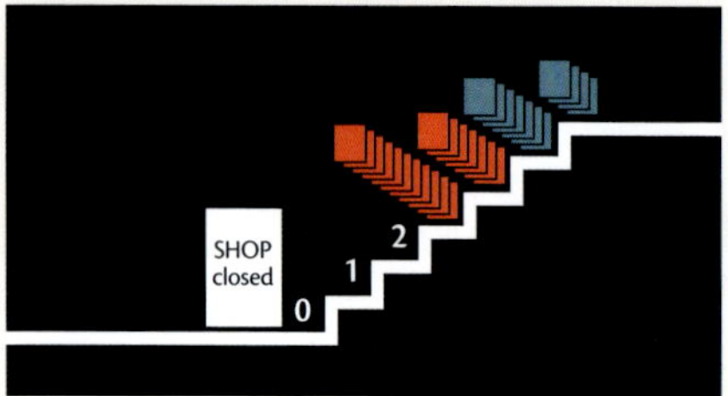

Sie öffnen erst, wenn alles steht

Sie sind gründlich. Erst wenn ALLES fertig ist, zeigen Sie sich in der Öffentlichkeit. Sie arbeiten jahrelang hinter verschlossener Tür, setzen einen Stichtag für die Eröffnung Ihrer Website und wundern sich, warum dann auf Ihrer Internetseite nichts passiert.

Freibier-Fehler

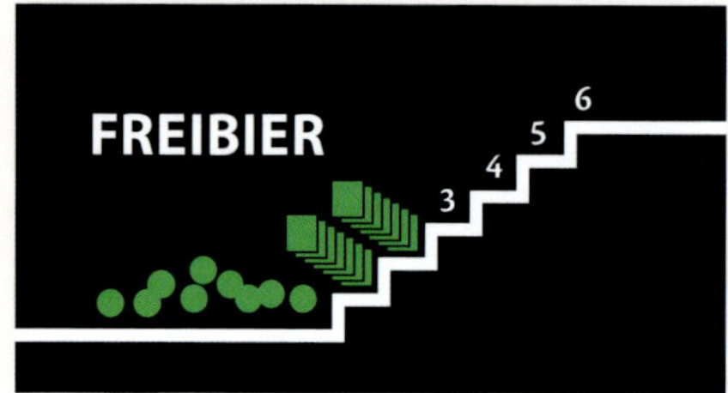

Sie verschenken alles, was Sie haben

Um Reichweite aufzubauen, verschenken Sie Ihren gesamten Content. Danach stehen Sie mit leeren Händen da. Wer jahrelang nur Party auf sozialen Kanälen macht, aber nie Produkte entwickelt, hat immer eine leere Kasse, da keine Treppe.

Sofort-Drauflos-Fehler

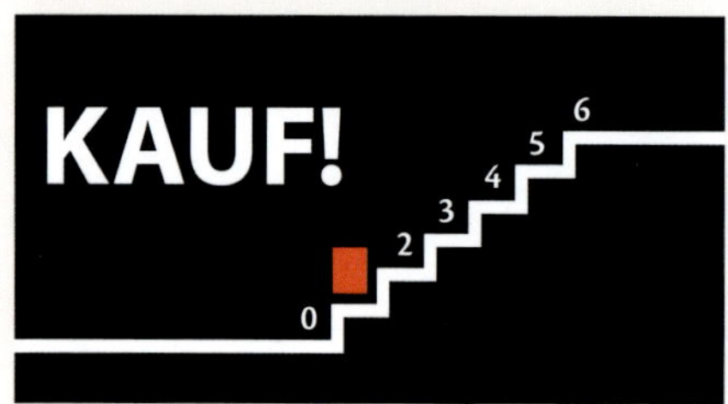

Sie wollen sofort auf Stufe 1 verkaufen

Sie wollen sofort verkaufen und stellen Ihr einziges Produkt unvermittelt auf die erste Stufe. Das bringt allenfalls ein kurzes Strohfeuer. Dann passiert nichts mehr. Auf Dauer Kunden zu bekommen, ist etwas anderes.

Clown-Fehler

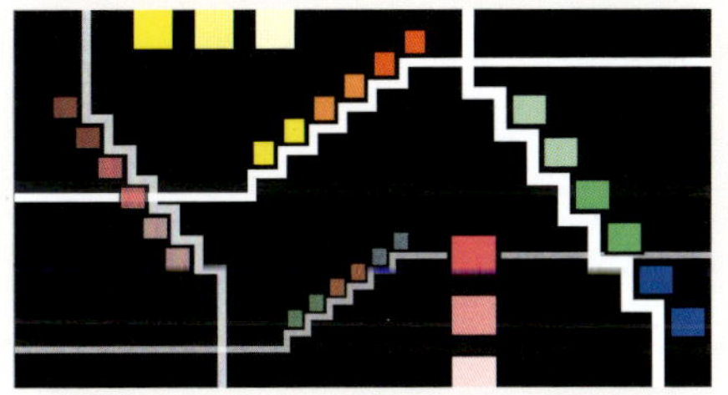

Sie wechseln ständig die Treppen

Sie können sich nicht entscheiden, was Sie anbieten, und präsentieren alle paar Monate eine komplett neue Treppe. Das verwirrt nicht nur, sondern stoppt irgendwann jegliches Interesse. Sie verlieren das Vertrauen Ihrer Kunden.

Kundenchaos-Fehler

Sie mischen Schichten willkürlich

Sie haben kein Gefühl für Ihre Schichten und glauben, jeder Kunde wäre gleich. Ihre Preispolitik ist willkürlich und je nach Laune werden ähnliche Angebote supergünstig oder teuer angeboten. Ihr Kunde kann Ihr System nicht verstehen.

Verwahrlosungs-Fehler

Sie lassen Ihre Treppe verstauben

Sie kümmern sich nicht um Ihr Angebot. Auf Ihrer Treppe stehen alte, verstaubte Produkte. Kunden sehen sofort: Hier ist einige Zeit nichts passiert. Wenn Sie etwas starten, halten Sie es auch frisch! Daher lieber weniger, das aber konsequent. Bleiben Sie an Ihrer Treppe dran.

Das Gesetz der großen und der kleinen Zahl

Wir haben zu Beginn davon abgeraten, einen detaillierten Businessplan zu erstellen. Solange Ihre Treppe nicht klar ist, wäre das Zeitverschwendung. Dennoch hat ein Geschäftskonzept immer etwas mit Zahlen zu tun. Wenn Sie es nicht schaffen, Ihre Angebote ertragreich zu verkaufen, hilft Ihnen das Konstrukt nichts. Deswegen sollten Sie *das Gesetz der kleinen und der großen Zahl* kennen.

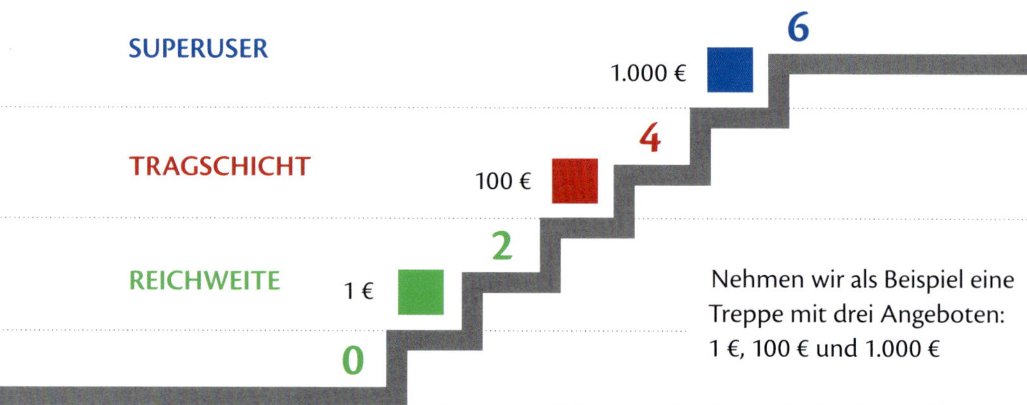

Eine Sache sollte offensichtlich sein:

Bei dem Angebot auf Stufe 1 ***gilt das Gesetz der großen Zahl***.

Sie müssen bei einem kleinen Preis eine hohe Stückzahl verkaufen, um überhaupt eine sichtbare Größe zu bekommen. Für das Ziel 100.000 € Umsatz müssten Sie auf der ersten Stufe 100.000 Verkäufe erzielen!

Das sieht auf der Stufe 6 schon ganz anders aus. Dort müssen Sie für das gleiche Umsatzziel 100.000 € nur 100 x verkaufen. ***Das ist das Gesetz der kleinen Zahl.*** Hoher Preis führt zu hohen Einnahmen bei geringer Anzahl von Abverkäufen. Eigentlich ist das klar, aber viele handeln nicht danach. Oder haben Sie ein hochpreisiges Angebot?

GESETZ DER KLEINEN ZAHL

Geschäftskonzepte, bei denen Sie bereits mit einer ***kleinen Zahl*** von Verkäufen hochprofitabel sind, erzeugen weniger Stress als Konzepte, bei denen Sie große Stückzahlen verkaufen müssen.

Versuchen Sie möglichst, auf Ihrer Treppe auch hochpreisige Angebote zu haben. Setzen Sie nur auf niedrigpreisige Angebote, werden Sie sehr viele kleinteilige Vorgänge haben. Das rechnet sich nur mit einem sehr hohen Grad der Automatisierung und entsprechender Technik.

Es gibt durchaus Geschäftskonzepte, die nur mit kleinen Preisen arbeiten. Aber wir raten dabei zur absoluten Vorsicht. Viele niedrigpreisige Objekte oder Tickets etc. zu bewegen, führt fast immer zu einer Marketingschlacht bei geringen Margen. Sie haben einen überproportional hohen Aufwand für die einzelnen Vorgänge.

Angenommen Sie haben ein E-Book für 3,90 € verkauft bei einem Gewinn von 1,50 €: Dann möchte ein Kunde mit Ihnen sprechen, weil er doch lieber ein anderes Ihrer Bücher kaufen wollte und bittet um eine Gutschrift und Auslieferung des anderen Titels. Natürlich sind Sie kulant. Sie brauchen fast eine Stunde, um dies sauber abzuwickeln. Das ist dann ein sehr schlechter Stundenlohn. Das rechnet sich nur, wenn viele hunderte, besser noch tausende anderer Vorgänge störungsfrei durch Ihre Prozesse laufen.

Bevor Sie also darüber nachdenken, einen E-Book Verlag zu gründen, rechnen Sie genau durch, was für Margen Sie auf welcher Stufe erzielen können. In der Regel werden Sie sich entscheiden, in der Mitte der Treppe bereits bei einem sichtbaren Betrag zu sein und das Superuser-Segment noch höher ansetzen.

Faustformel

Überlegen Sie, mit welchem Preisniveau Sie unten auf der Treppe starten und wo Sie oben landen wollen. Eine Community mit 10.000 Membern wäre eine große Zahl. Eine Community mit 100 eine kleine.

Starten, ohne bereits vollständig zu sein

Sie haben nun vielleicht eine Idee, wie Ihre Produkt-Treppe® aussehen kann. Was machen Sie aber, wenn Sie noch ganz am Anfang stehen? Wie schaffen Sie den Sprung in ein attraktives, smartes, fröhlich laufendes, ertragreiches Geschäftskonzept?

Versuchen Sie nicht, die gesamte Treppe auf einen Schlag fertigzustellen. Das gelingt in den seltensten Fällen. Ein Modell ist ein Vorbild, nachdem Sie das Original langsam aus dem Stein klopfen. Das dauert ...

Das Minimal-Set einer Produkt-Treppe® kann so aussehen:

In Kapitel 8 gehen wir näher auf ***Lean Startup*** und ***agiles Arbeiten*** ein. Für dieses Kapitel soll reichen: Sie haben die grundlegende Arbeitsweise mit der Produkt-Treppe® verstanden.

think smart!

Zusammenfassung

Die Treppe hat 6 Stufen

- Damit Sie gezwungen sind, Ihr Portfolio einfach zu halten
- Auf jeder Stufe gibt es eigene Produkte oder Angebote
- Auf der Basis 0 stehen Kanäle und grundlegendes Marketing

Drei Schichten

- Es gibt die drei Schichten Reichweite, Tragschicht und Superuser
- Standard: Pro Schicht zwei Stufen = 2 / 2 / 2
- Es kann aber auch 3 Stufen in einer Schicht geben (z.B. 1 / 3 / 2)

Welche Produkte kommen auf eine Stufe?

- Entweder ein einzelnes oder ganze Linien / Gattungen / Kategorien
- Klassisch (Jobs) oder Smart (Produkte). Empfehlung: Smart
- Es müssen zu Beginn nicht alle Stufen belegt sein

Sie sind mit diesem Schritt fertig, wenn Sie dies beantworten können:

Haben Sie die Grundfunktion der Treppe verstanden?

Ja / Nein

Sie haben eine erste Skizze von einer Treppe gemacht

Es kann Ihre Treppe oder die eines Fallbeispieles sein.

03 FERTIG

Zeit für Pause und Notizen

STERNGLAS
GET REMOTE
DER
FÖRDERLOTSE

Kapitel 4 – Die Produkt-Treppe® in der Praxis

Drei Fallbeispiele

Gehen wir tiefer und sehen wir uns drei Beispiele an, wie die Produkt-Treppe® in der Praxis funktioniert.

Ein Tool ist nur dann gut, wenn es sich in der Praxis bewährt. Aus diesem Grund hier drei Beispiele von Firmen und Entrepreneuren, die mit der Produkt-Treppe® arbeiten.

Hersteller

STERNGLAS
Hamburger Uhrenhersteller stürmt die Charts
• Ein Kombi-Modell aus Hersteller und Onlinehändler

Service

GetRemote
Deutschlands erste Agentur für Remote Festanstellungen
• Ein Service-Modell mit Expertenflanke

Experte

Der Förderlotse
Torsten Schmotz ist der führende Experte bei Fördermitteln
• Ein Experten-Modell mit eigener Akademie

Hersteller und Direktverkäufer

STERNGLAS produziert hochwertige Designeruhren zu einem fairen Preis.

Fallbeispiel 1
Hersteller
Händler

Von einer Uhr zur Marke in 3 Jahren

2016 – Erste Entwürfe

Start als Solopreneur mit der Idee: *„Bauhaus-Uhr, die sich jeder leisten kann".*

Ende 2016 – Kickstarter Kampagne

Ergebnis: 16.000 € für die erste Produktion.

2017 verstärkt Facebook Ads

Die Skalierung gelingt über professionelles Online-Marketing und die Einführung von zwei weiteren Uhrmodellen.

2018 – Aufbau Team (5 Mitarbeiter)

Wegen der starken Nachfrage:
- Aufbau eines fest angestellten Teams
- Eigenes Lager in Hamburg
- Einführung der nächsten Modelle

2019 – 14 Angestellte

Umsatz und das Team wachsen.
Das schnelle Wachstum braucht nun Struktur. Deswegen wird mit der Produkt-Treppe® konsequent daran gearbeitet, das Geschäftskonzept so zu differenzieren, dass es in Zukunft auf mehreren stabilen Beinen steht.

sternglas.de

SCHLICHT
SCHÖN

STERNGLAS

ZEITMESSER

Jedes Programm braucht ein paar Success-Stories. Auf STERNGLAS sind wir etwas stolz, weil Dustin Fontaine mit seiner Firma startete, nachdem er unser Buch *Smart Business Concepts* gelesen hatte. Er selbst sagte dazu:

> *„Wirklich erst dadurch habe ich es geschafft, meine Gründung durchzuziehen. Vorher habe ich immer viel zu kompliziert gedacht."*

Ab dann ließ er nichts anbrennen. Innerhalb von nur drei Jahren hatte er 14 Angestellte und eine junge angesehene Uhren-Boutique-Marke.

Dustin Fontaine lernte bei einem bekannten deutschen Uhrenhersteller, hat einen Blick für klassische, schlichte Designs und kennt sich mit digitalem Marketing bestens aus. Die perfekte Kombination für ein smartes Geschäftsmodell: solide Idee mit starker Umsetzung.

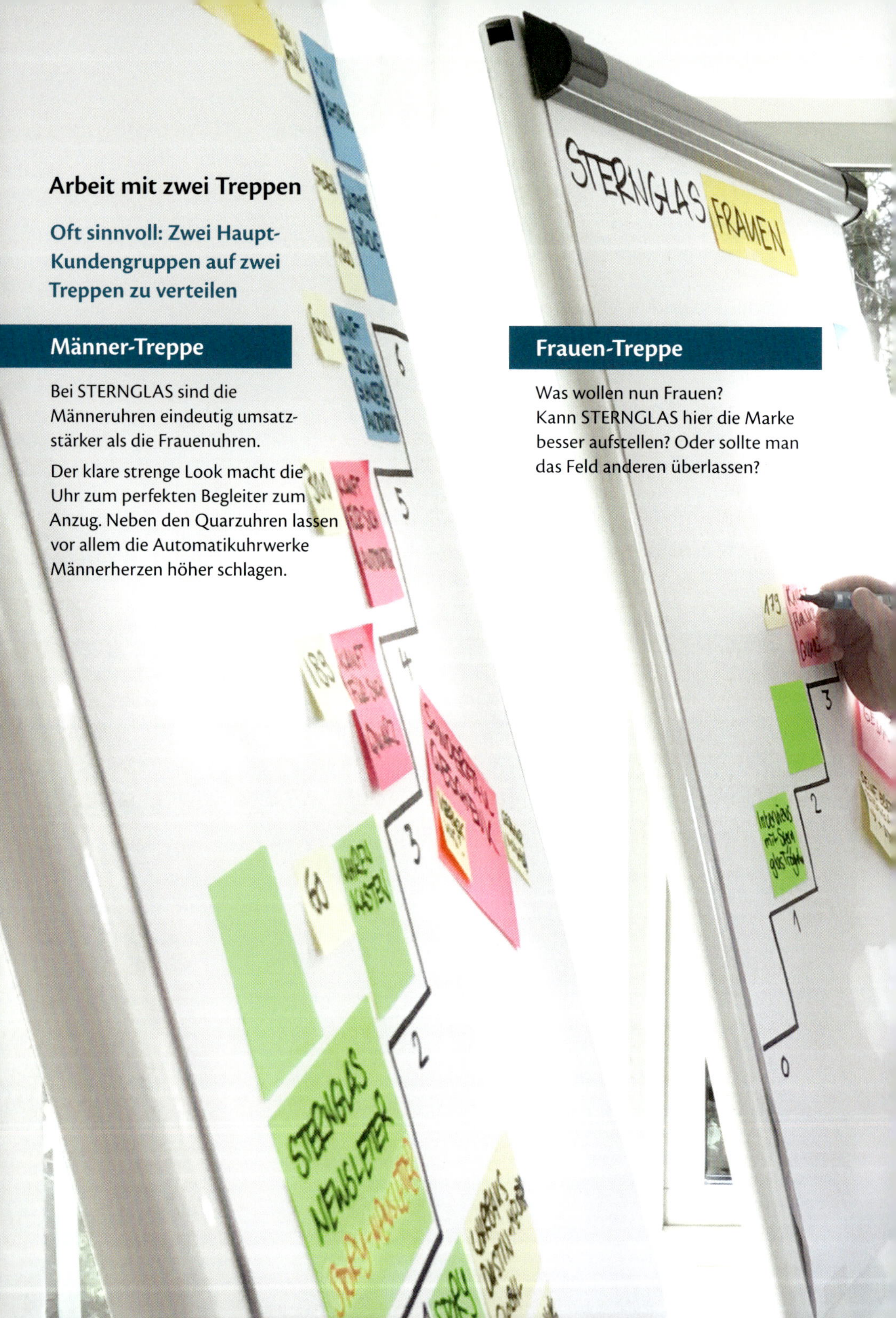

Arbeit mit zwei Treppen

Oft sinnvoll: Zwei Haupt-Kundengruppen auf zwei Treppen zu verteilen

Männer-Treppe

Bei STERNGLAS sind die Männeruhren eindeutig umsatzstärker als die Frauenuhren.

Der klare strenge Look macht die Uhr zum perfekten Begleiter zum Anzug. Neben den Quarzuhren lassen vor allem die Automatikuhrwerke Männerherzen höher schlagen.

Frauen-Treppe

Was wollen nun Frauen?
Kann STERNGLAS hier die Marke besser aufstellen? Oder sollte man das Feld anderen überlassen?

Gemischtes Doppel

2 Treppen für 2 Sortiments-Linien

Dustin Fontaine arbeitet hier parallel an seiner Männer- und Frauen-Treppe, um herauszufinden, ob er die beiden Linien noch besser differenzieren kann.

Die STERNGLAS-Männer-Treppe

Bisher ist STERNGLAS eine reine Online-Marke. Die wichtigste Käufergruppe sind Männer, die eine klassische Linie lieben. Sie tragen eine STERNGLAS-Uhr zum Beispiel zum Anzug oder leger zum Urban-Look. Sie reagieren auf Online-Anzeigen und kaufen direkt im Online-Shop. Das Männersortiment wird in Zukunft differenziert. In der Tragschicht stehen die normalen Uhrkäufer, die eine Uhr im Alltag tragen. Superuser kaufen mehr als eine Uhr und sind auch an Sondereditionen interessiert. Die Tragschicht ist bereits etabliert, die Superuser-Schicht ist in Planung. In Zukunft soll auch an ersten Stellen ausprobiert werden, ob Vitrinen an besonderen Orten funktionieren (*Point of Sale*).

Klassisch edel

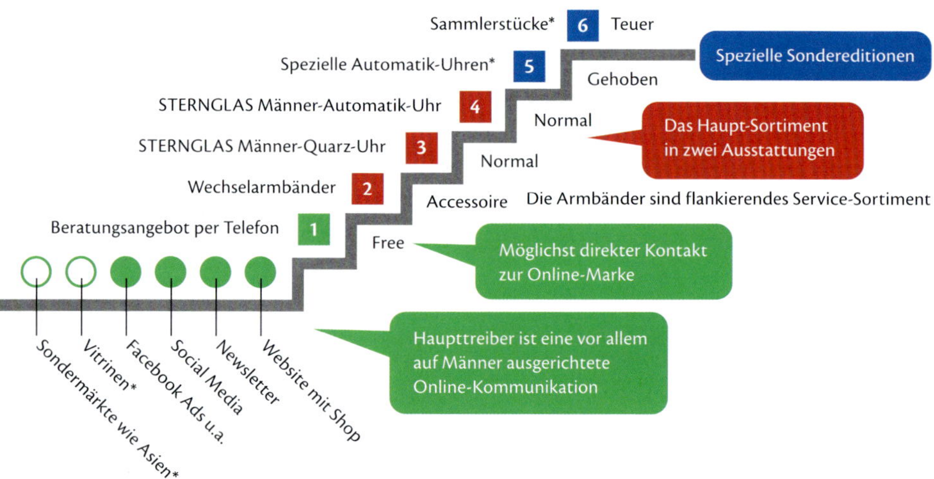

Vertrauensmarke – hohe Qualität

STERNGLAS punktet durch echtes Saphierglas, bestes Leder und saubere Verarbeitung der Uhr. Es ist keine Luxusmarke, aber eine Qualitätsmarke zum fairen Preis. An dieser Reputations-Strategie wird weiter gearbeitet.

Die STERNGLAS-Frauen-Treppe

Frauen spielen bei STERNGLAS noch eine Nebenrolle, die Frauen-Treppe ist daher weniger differenziert. Sie kann unter zwei Gesichtspunkten geordnet werden: Männer, die für ihre Frau ein Geschenk kaufen, und Frauen, die selbst kaufen. Zur Zeit konzentriert sich STERNGLAS auf Männer, die Uhren für ihre Frau kaufen. Erste Tests zeigten: Frauen direkt zu gewinnen, ist aufwendig, deswegen wird hier nur wenig in spezielle Frauen-Kommunikation investiert. Bei Frauen, die selbst kaufen, spielen die Farben eine wichtige Rolle (Farb-Kombination Uhrgehäuse und Armband). Hier punktet STERNGLAS durch die Wechselarmbänder.

Feinere Ausgaben

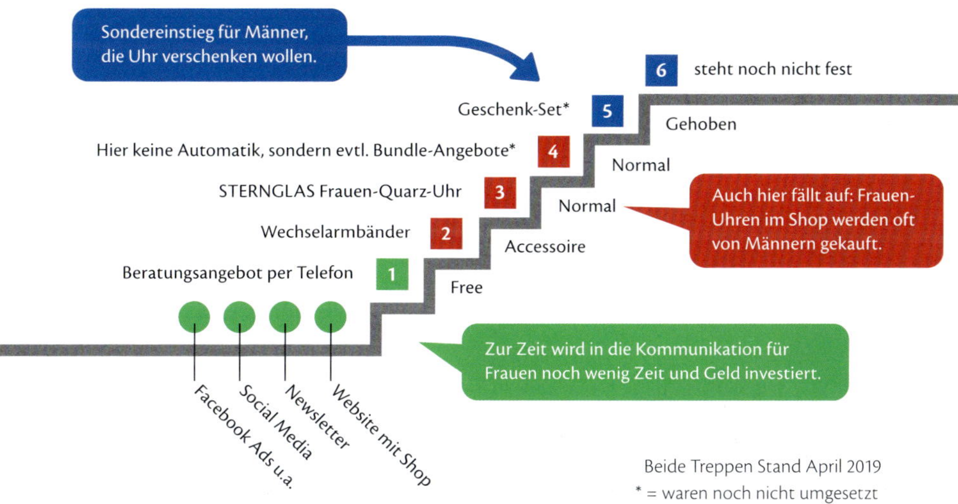

Frauen kaufen selten Automatik-Uhren

Automatik-Uhren müssen aufgezogen werden, wenn sie nicht getragen werden. Das nervt Frauen. Sie denken praktisch und wollen eine Uhr, die läuft, gleich wann man sie aus dem Schrank holt. Daher gibt es keine Automatik-Uhren für Frauen.

Teresa Hertwig
getremote.de

„Ich kann mir nicht mehr vorstellen, je wieder in einen bürogebundenen 9 to 5-Job zurückzukehren, selbst nicht für sehr viel Geld."

GETREMOTE

Deutschlands erste Agentur für Remote-Festanstellungen

Was passiert, wenn man seinen Chef fragt, wie es wäre, wenn man die einzige im Team wäre, die nicht immer da ist. Man einfach zwischendurch von zu Hause oder – noch besser – von coolen Orten im Ausland arbeitet. Der Chef sagt *„Ja, das probieren wir einmal aus."* Teresa Hertwig stellte 2014 diese Frage und wurde die erste Remote-Mitarbeiterin einer Berliner Web-Marketing-Agentur. Landete sie damit auf dem Abstellgleis? Von wegen! Als ihr Chef eine neue Firma gründete, frage er Teresa Hertwig, ob sie die Agenturleitung übernehmen wolle. Wollte sie. Aber nur, wenn sie auch allen anderen Mitarbeitenden erlauben könne, ebenfalls remote zu arbeiten. Daraufhin wurde sie zur Führungskraft berufen und durfte das komplette Team auf „Remote" umstellen. Drei Jahre später war dies geschafft, ihre Firma hatte einen eigenen Arbeitsstil entwickelt, bei dem alle nur an bestimmten Tagen im Büro sein müssen und alle viel mobiler leben, längere Auslandsaufenthalte bei Wunsch inbegriffen.

Der Schritt in die Selbstständigkeit

Der Virus „remote arbeiten" hatte Teresa Hertwig durch diese positive Erfahrung so angesteckt, dass es ihr nicht mehr ausreichte, das Konzept selbst zu leben: viele, viele andere in Deutschland könnten doch auch ... sie trauen sich nur nicht. So entstand 2018 *GetRemote* eine Spezialagentur, die zugleich Arbeitnehmer wie Arbeitgeber fit macht:

- **Die Remote-Kandidaten**

Wer in Festanstellung remote arbeiten möchte, weiß oft nicht, wie er dies angeht. Entweder traut man sich nicht, dies seiner eigenen Firma vorzuschlagen oder man kennt keine Betriebe, die gerne mit Remote-Festangestellten arbeiten.

- **Die Firmen, die umstellen**

Immer mehr Unternehmen verstehen, dass es nicht mehr nur um Geld geht. Sondern um freiere Gestaltung des Lebens. Aber sie haben keine Vorstellung, wie sie eine Remote-Kultur und -Struktur einführen können.

Die GetRemote-Treppe für Remote-Worker

Um fit für eine Remote-Anstellung zu sein, braucht es drei Dinge:

- das ***Selbstbewusstsein*** (nur) so arbeiten zu wollen
- das ***Wissen***, wie ich remote einen Wert für eine Firma schaffe
- die besonderen sozialen ***Skills***, remote teamfähig zu sein

Teresa Hertwig macht andere fit, Remote-Wünsche Wirklichkeit werden zu lassen und darüber hinaus in ihrer Stellenbörse eine Firma zu finden, die dem eigenen Profil entspricht. Sie bietet quasi das Rundum-Sorglos-Paket, um in die Remote-Welt gezielt einzusteigen.

Expertenwissen zum Thema „Remote-Anstellung"

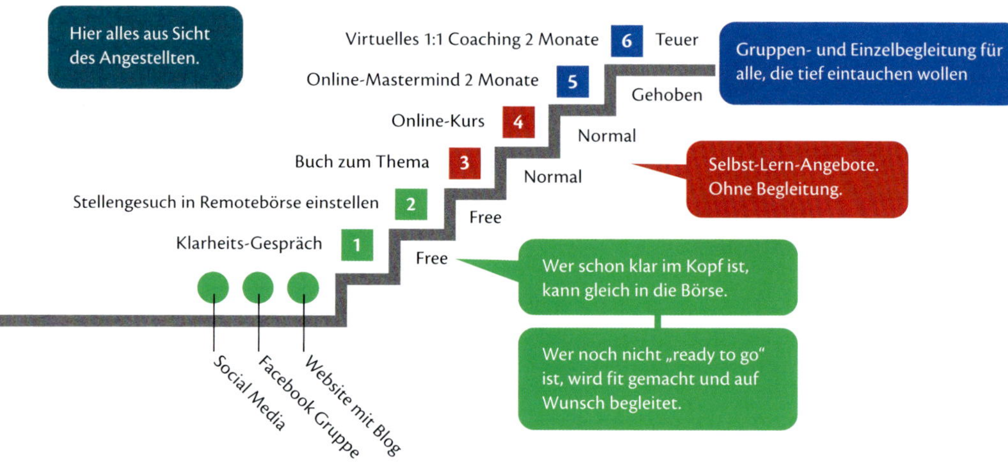

Hier wird der einzelne Mitarbeitende fit gemacht

Auf der ersten Treppe konzentriert sich Teresa Hertwig auf die Bedürfnisse derer, die ihre Anstellung ändern wollen. Da sie selbst diesen Weg gegangen ist, ist sie Role-Model und Mentorin. Im Klarheits-Gespräch analysiert sie den individuellen Bedarf. Ab dann greifen Online-Prozesse.

Die GetRemote-Treppe für Firmen

Viele Firmen sind überfordert, wenn ein Mitarbeiter den Wunsch äußert, remote arbeiten zu wollen. Dabei könnte alles so einfach sein. Teresa Hertwig begleitet Firmen dabei:

- eine gute ***Remote-Kultur und -Struktur*** zu entwickeln
- ***attraktiv für digitale Talente zu werden***, die sonst weiterziehen

Die meisten Beratungen sind natürlich remote. Einzige Ausnahme ist Stufe 6. Dort begleitet Teresa Hertwig den Change Prozess in Unternehmen mit Workshops, Teamcoachings und Führungskräftebegleitung. Ansonsten werden Tools wie *Zoom* etc. gleich direkt angewendet.

Transformation in eine neue Arbeitswelt

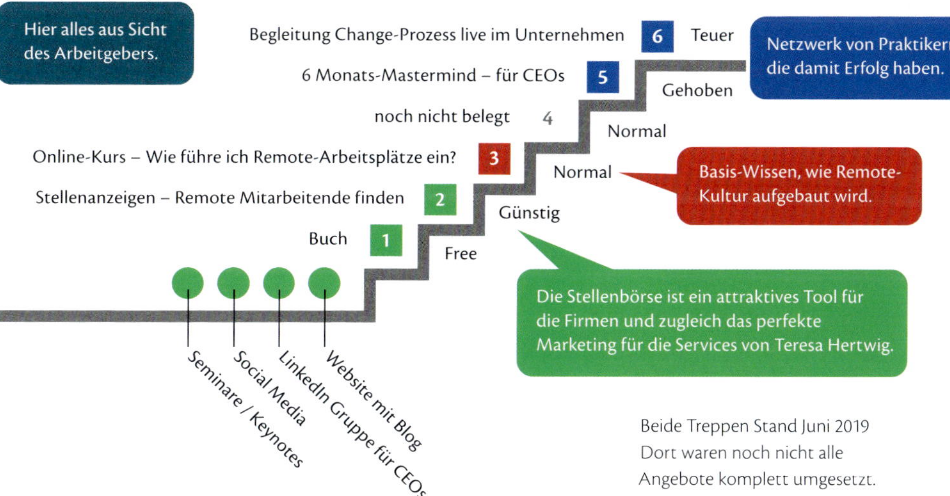

Hier sind die Arbeitgeber unter sich

In der Mastermind schafft Teresa Hertwig einen geschützten Raum für CEOs, in dem diese untereinander über Erfahrungen austauschen können. Sie moderiert, bringt ihre Erfahrung ein und hält die Gruppe auf einem hohen Niveau. Hier entsteht ihr Netzwerk und wird die Börse lebendig.

Fallbeispiel 03

Experte klassisch

Experte smart

Torsten Schmotz

foerder-lotse.de

„Ich habe recht viele Produkte, einige sind strategisch entwickelt worden, andere sind einfach so entstanden. Die Produkt-Treppe® war für mich sehr hilfreich, da eine Ordnung reinzubringen. Ich habe die Stufen gefüllt und geschaut, gibt es Verbindungspunkte, Sachen die aufeinander aufbauen, die man verbinden kann, wie kann ich schlau Bundles schaffen. Dafür ist die Treppe einfach ein wunderbares Strukturierungswerkzeug."

Förderlotse Torsten Schmotz

Solo eine ganze Akademie abbilden

Führender Experte in einer spitzen Nische

Soziale Organisationen ticken anders als normale Betriebe. Ein wichtiges Standbein zur Finanzierung sind Fördermittel. Diese kommen aber nicht konstant und nicht von einer Quelle. Im Gegenteil: Es gibt einen komplett verschlungenen Dschungel, in dem alles ständig in Bewegung ist.

Torsten Schmotz kennt die relevanten deutschen, europäischen und internationalen Fördermittelgeber, weiß, wann Förderprogramme auslaufen und neue beginnen. Aber nicht nur das. Als Geschäftsführer des Europa-Instituts eines der größten deutschen Sozialunternehmens lernte er schmerzlich: Wer einen Antrag falsch schreibt, hat keine guten Karten. Das wollte er nicht auf sich sitzen lassen und setzte sich auf den Hosenboden. Irgendwann hatte er den Dreh raus und spezialisierte sich von dort an immer mehr auf die Fördermittel-Beantragung.

2009 machte er sich mit seinem Wissen selbstständig und investierte systematisch in den Aufbau einer guten Fördermittel-Datenbank. Heute gilt er in Deutschland als der führende Experte auf diesem Gebiet. Viele andere können nicht so in die Tiefe gehen wie er.

Kombination aus klassischen Angeboten und smarter Akademie

Zu Beginn seiner Selbstständigkeit war Torsten Schmotz viel als Berater unterwegs. Heute wachsen seine smarten Anteile und er kann dadurch seine Zeit freier einteilen. Mit der Publikation des Fördermittel-Führers bekam er sein erstes festes eigenes Produkt. Ein Longseller, der immer wieder aktualisiert, ein ständiger Begleiter vieler sozialer Organisationen ist. Dann ging er einen Schritt weiter und begann in seiner eigenen Akademie auszubilden. Heute ist er Anbieter des ersten *einjährigen berufsbegleitenden Lehrgangs zum/zur Fördermittelmanager_in im gemeinnützigen Bereich,* sein Spitzenangebot. Damit ist er einer der ruhigen Wissens-Solopreneure in Deutschland, die in einem Bereich den Ton angeben.

Die Förderlotse-Treppe

Der Traum vieler Gründer ist die von allein laufende Online-Plattform. Unsere Erfahrung: Oft braucht es eine Mischung aus klassischen und smarten Angeboten, damit eine Treppe greift. Gerade bei Experten-Modellen wird meist noch ein Anteil klassischer Seminare und Angebote benötigt, damit sich reine Online-Produkte durchsetzen. Auch Hochpreisprodukte stehen selten allein.

Die Produkt-Treppe® von Torsten Schmotz ist dafür ein Beispiel.

Hochpreisprodukte stehen auf einer Reputations-Basis

Damit Torsten Schmotz seinen Lehrgang mit einem Preis für mehrere Tausend Euro verkaufen kann, braucht er in der Szene der Fördermittel-Profis den Ruf, „der Experte" zu sein. Diesen Ruf hat er sich auf den Stufen darunter erarbeitet.

Papier ist bei ihm auf Stufe 2 noch stärker als das Online-Angebot

Torsten Schmotz kann noch nicht alles digital anbieten, weil seine Kunden nicht rein digital arbeiten. Beispiel ist Stufe 2. Torsten Schmotz setzte schon früh bei seinem Fördermittel-Führer auch auf ein Online-Angebot. Es gibt seinen Fördermittel-Führer als direkten Datenbankzugang im Abo-Modell. Die Einträge dort sind aktueller und umfangreicher als die Steckbriefe in der Printausgabe, Suchfunktionen inbegriffen. Da er in einer noch klassisch geprägten Szene unterwegs ist, wird die Printausgabe aber nach wie vor stärker verkauft. Mit einem Preis von 68 Euro und einer Auflage von 1.300 Stück ist die Printausgabe des Fördermittel-Führers ein Nischen-Spezialprodukt, seine Eintrittskarte in die Büros der Fördermittel-Profis und wichtig im Portfolio-Mix.

Smarte Angebote mit Fingerspitzengefühl hochfahren

Torsten Schmotz denkt voraus. Auch in seinem Bereich rücken die jungen Generationen nach und damit ändert sich das Lern- und Arbeitsverhalten. Aus diesem Grund baut er das E-Learning-Angebot mit Online-Kursen immer weiter aus. Er tut dies aber nicht Knall auf Fall, sondern gleitet langsam von klassisch zu smart. Das ist ein smartes Vorgehen.

Vom Berater zum smarten Portfolio

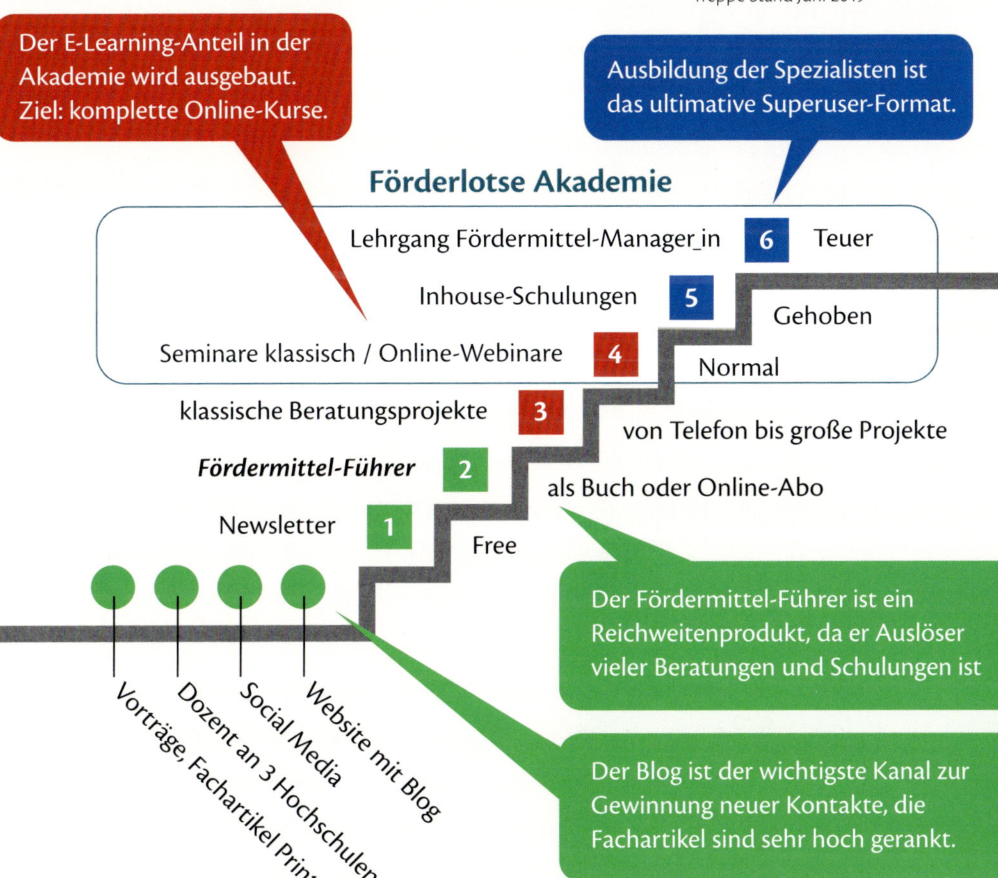

Schön zu sehen

Torsten Schmotz ist schon lange kein reiner Berater mehr. Zwar bietet er auf Stufe 3 noch Beratung an, die Stufen 4, 5 und 6 sind aber komplett von standardisierten Akademie-Angeboten belegt, dort wächst der E-Learninganteil und damit der terminunabhängige Ertragsstrang. Stufe 2 war von Anfang an komplett smart aufgestellt *(Selfpublishing)*.

Wie viele Treppen brauchen Sie?

Die Produkt-Treppe® ist ein sehr freies und flexibles System. Es soll Ihre Gedanken ordnen. Von daher nutzen Sie das System so, wie Sie es für Ihre Ordnung bestmöglich brauchen.

Wie in den Fallbeispielen gezeigt, kann es Sinn machen, wichtige Kundengruppen zu differenzieren. Bei *GetRemote* sind es zwei Seiten einer Medaille: Einmal die ***Suchenden*** (Anstellung) und einmal die ***Anbieter*** (Arbeitgeber). Bei einem Matching-Service, in dem beide Seiten betreut werden, erleichtern zwei Treppen den Überblick.

Es können aber auch andere Kriterien sein:

- Frau / Mann oder andere stark unterschiedliche Zielgruppen
- Thematisch stark unterschiedliche Angebots-Linien
- Klassische Linie *(Zeit gegen Geld)* / Automatisierte Linie *(Prozesse)*

Wir raten zu maximal 3 Treppen, sonst geht die Systematik verloren und Sie kommen zu nahe ans Funnel-System (siehe dazu auch Kapitel 6).

Haben Sie ein zweites, komplett anderes Portfolio mit getrennten Themen, anderen Produkten und Kunden *(zum Beispiel: A ist ein Handelsmodell, B ein Service-Modell)*, dann sind dies keine zwei Treppen in einem Business, sondern zwei parallel laufende Smart Business Concepts.

Denkbar ist, den Kunden im Business A ein passendes Produkt B anzubieten, welches nicht auf die Treppe A gehört. Aber das ist mit Vorsicht zu genießen. Fragen Sie sich immer: Stärkt oder schwächt ein „artfremdes" Angebot die bisherigen Kundenbeziehungen? Ziel war es ja, einfacher zu werden. Einfach wahllos Angebote aufzusatteln, führt wieder zum Bauchladen. Das ist nicht smart. Ausnahmen sind Konzepte, die davon leben, ständig neue Dinge anzubieten, Trends zu folgen etc.

Fazit
Nehmen Sie die Zahl an Produkt-Treppen, die Ihnen einen optimalen Überblick erlauben, aber halten Sie die Zahl möglichst klein.

Zusammenfassung

Die Treppe funktioniert für alle Solopreneur-Typen

- Sie können alle Solopreneur-Typen mit der Produkt-Treppe® darstellen
- Häufig sind Konzepte Mischungen aus zwei Typen
- Beispiel: STERNGLAS ist Hersteller und Händler zugleich

Auf der Treppe können Sie klassische und smarte Angebote mischen

- Ein rein digitales Portfolio funktioniert nicht immer
- Beispiel Torsten Schmotz: Er braucht klassische Anteile auf der Treppe
- Überlegen Sie, welche Teile Sie klassisch abbilden wollen oder müssen

Sie können mehrere Treppen parallel ausmodellieren

- Viele Entrepreneure, die wir kennen, arbeiten mit 2 bis 3 Treppen
- Dadurch können Sie Ihr Portfolio gezielter differenzieren
- Achten Sie aber darauf, nicht zu viel zu haben und kompliziert zu sein

Sie sind mit diesem Schritt fertig, wenn Sie dies beantworten können:

Ist Ihr Konzept eine Mischung aus den Solopreneur-Typen:

Wenn ja, welche Mischung?

Brauchen Sie mehr als eine Treppe zur Darstellung?

Wenn ja, wie viele?

04 FERTIG

Zeit für Pause und Notizen

2
3
4
5

Kapitel 5 – Strategische Produktsegmente

Die Magie der 3 Schichten

Wie viel wollen
Sie eigentlich
verdienen?

Ihre Produkte steuern, wer als Kunde reagiert

Die Produkt-Treppe® hat 3 Schichten. Mit gutem Grund. *„Wie man in den Wald hineinruft, so schallt es heraus."* Simpel gesprochen: Eröffnen Sie ein Teehaus, kommen Teetrinker. Eröffnen Sie ein Weinlokal, kommen Weintrinker. Ein einfacher Zusammenhang mit gravierenden Auswirkungen. Dabei geht es nicht nur um Geschmack, Life-Style, Werte, es geht auch um Ihren ***Ertrag***. Wer nur 1-Euro-Angebote im Programm hat, wird kein kaufkräftiges Publikum anziehen.

Portfolio-Darstellung ohne Bezug auf Marktsättigung

Die Produkt-Treppe® ist ein ***Portfolio-Modell***, geht aber einen anderen Weg als die klassische *Portfolio-Analyse*. Während die klassische Portfolio-Analyse Produkte nach Marktsättigung sortiert *(siehe BCG-Matrix rechts unten)*, ordnet die Produkt-Treppe® Ihre Produkte mit der Fragestellung:

- Welche Funktion hat das Produkt für Ihre Kunden?
- Welcher Kunde hat bei Ihrem Thema wann welchen Bedarf?

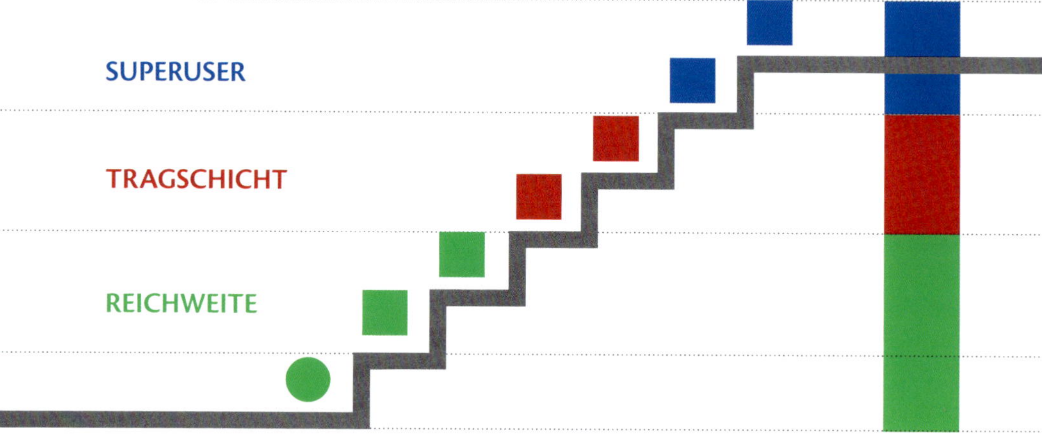

Das Rückgrat Ihrer Produkte

Die Produkt-Treppe® funktioniert im Prinzip wie eine „Speisekarte" *(siehe rechts oben)*. Mit einem Unterschied: Es ist nicht gesagt, dass jeder Ihrer Kunden die komplette Speisekarte sofort sieht. Wir ermutigen Sie dabei, Ihr Portfolio für ***drei Nutzergruppen*** zu optimieren:

- Einsteiger — Kennen Ihr Angebot noch wenig
- Tragschicht-Kunden — Haben normalen Bedarf
- Superuser — Haben anspruchsvolleren Bedarf

Wichtig – Die Produkt-Treppe® ist kein Funnel. Den Unterschied erklären wir ausführlich im nächsten Kapitel. Es geht hier noch nicht um Marketing.

HINTERGRUND Was ist ein Portfolio?

Was hat eine Speisekarte mit einem Portfolio gemeinsam?

Portfólio ist das französische Wort für eine *„Mappe“*. Ein Maler legte ausgewählte Werke in eine Mappe (sein Portfolio), um sein Können zu zeigen. Häufig nach *Sujets* geordnet. Ein *Aktienportfolio* ist eine gezielte Mischung von Aktien (z.B. *Portfolio Selection Theory* von Harry M. Markowitz 1952).

Die bekannteste Form eines *Produkt-Portfolios* finden Sie in Restaurants. Es ist die ***Speisekarte***. Sie ist meist nach Kategorien und Preisklassen geordnet. Dabei gibt es Speisekarten, die fast 200 Gerichte haben, und gehobene Restaurants mit einem einzigen Tagesmenü. ***Viel hilft nicht viel,*** daher raten wir zu einem überschaubaren Portfolio. Konzerne haben oft tausende Produkte. Smart geht anders. Halten Sie Ihre Speisekarte also kompakt und Ihr Menü eindeutig und verständlich:

Vorspeise (Reichweite) – ***Hauptgericht*** (Tragschicht) – ***Dessert*** (Superuser).

HINTERGRUND Klassische Portfolio-Analyse für Produkte

Die BCG-Matrix

Dieses visuelle Modell gilt als eines der wirkmächtigsten in der Wirtschaftsgeschichte: die ***Portfolio-Analyse*** der *Boston Consulting Group*. Deren Gründer *Bruce Henderson* entwickelte sie 1970. Die Matrix ordnet ein Produkt-Portfolio in vier Gruppen.

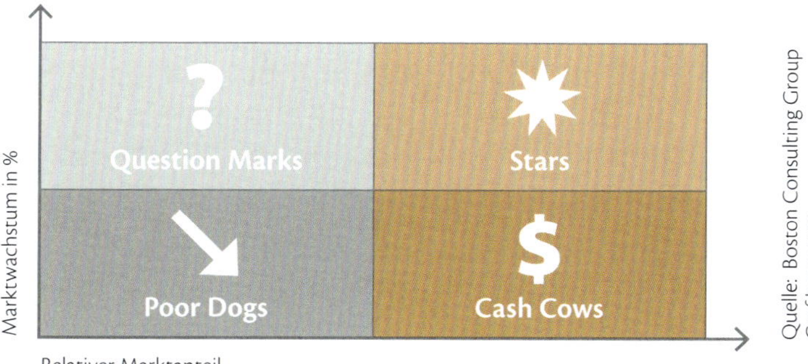

Produkte werden nach ***Marktanteil*** und ***Product Lifecycle*** bewertet, nicht nach der Funktion für den Kunden. Uns gefallen bei diesem Modell die Namen nicht: *Arme Hunde, Cash Cows, Abschöpfungsstrategien* ... Das riecht nach alter Zahlen-Ökonomie.

Kundenbedarf in Produkt-Segmente gliedern

Ein Portfolio ist ein Sortiment geordneter Angebote. Diese stehen sinnvoll nebeneinander, idealerweise bauen Ihre Produkte aufeinander auf. Dabei folgen Ihre Produkte dem Bedarf oder den Wünschen Ihrer Kunden von unten bis zur Spitze der Treppe. Mögliche Leitfragen sind:

Einstiegsfrage

- Was ist der Anfangs-Schmerz oder der Anfangs-Wunsch, der dazu führt, dass jemand in Ihre Treppe einsteigt?

Zielfrage

- Welches Hauptziel hat Ihr Kunde?
- In wie viele Unterziele kann man das herunterbrechen?

Vollständigkeitsfrage

- Was braucht ein Kunde alles, um das gewünschte Ziel zu erreichen?
- Was davon ist zentral (Baumstamm), was ist Ausstattung (Blätter)?

Abfolgefrage

- Wenn mein Kunde A hat, was braucht er ***nachher?***
- Wenn mein Kunde A hat, was braucht er ***vorher?***

Grenzfrage

- Wo ist bei einem normalen Kunden die Grenze? Mehr braucht er nicht.
- Wo möchte ein Superuser mehr haben? Was ist dieses „mehr“?

Superuserfrage

- Worauf haben Ihre Superuser besonders Lust?
- Was würde sich ein Fan Ihres Angebots „Gutes gönnen“?
- Wann haben Superuser einen besonderen Bedarf / Schmerz?
- Was wäre die „stärkste“ Maßnahme, die sie dann ergreifen würden?

Kunden-Bedarf für ein Service-Modell

Verabschieden Sie sich von dem Gedanken, dass alle Kunden bis zur Stufe 6 gehen oder jeder unten einsteigt. Trotzdem sollte dies in einem „Bilderbuchfall" möglich sein. Bei einem Service-Modell, kann das so aussehen:

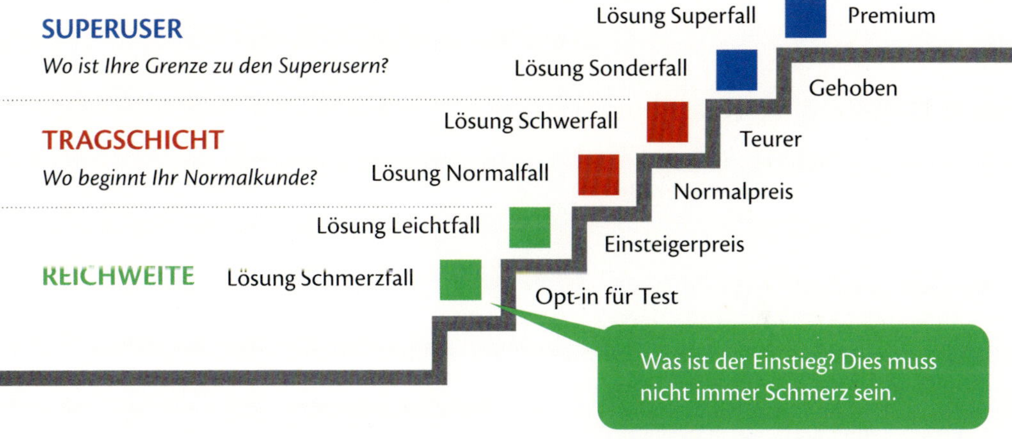

Müssen es immer 6 Produkte sein?

Nein. Gerade bei Service-Angeboten und Abos sind es meist nur 3 Stück. Gruppieren Sie dann die entsprechenden Anwendungsfälle.

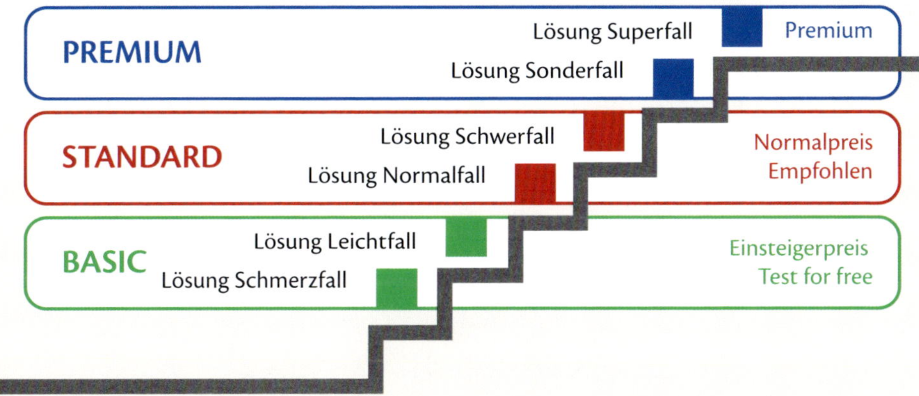

Bei einem Handels-Modell kann es genau umgekehrt sein: Sie haben wesentlich mehr als drei Produkte, vielleicht hunderte. Dann stellen Sie auf jede Stufe eine zentrale Kategorie oder Gattung Ihres Sortiments.

Der alte Pareto-Effekt

Die Produkt-Treppe® strukturiert Ihr Portfolio. Damit ist sie von Anfang an ***produktorientiert*** und damit ***kundenorientiert***, da Kunden sich am Portfolio orientieren und NICHT an Ihrer internen Sicht. In Ihrem Produktportfolio eröffnen wir drei Schubladen:

- *Die Superuser-Produkte*
- *Die Tragschicht-Produkte*
- *Die Reichweiten-Produkte*

Fangen wir in diesem Kapitel oben bei den ***Superusern*** an. Wenn Sie Ihre Treppe planen, gehen Sie anders vor: Sie starten in der Tragschicht, in der Regel auf Stufe 3. Um die Treppe aber von Anfang an vollständig vor Augen zu haben, brauchen Sie ein Verständnis, wo Sie oben ankommen wollen. Und das sind Ihre Superkunden.

Die Sache mit Pareto und den digitalen Modellen

Vilfredo Pareto (1848–1923) war ein Ökonom und Soziologe, dem wir nicht in allen seinen Theorien zustimmen und der eigentlich auch ein alter Hut ist. Es gibt in seinem Werk aber eine Aussage, die heute noch eine Rolle spielt: ***Das Paretoprinzip***. Dahinter steckt seine Beobachtung, dass es in einer Masse von Arbeits- oder Finanz-Vorgängen oft eine 80-zu-20-Verteilung gibt: 80 Prozent der Ergebnisse werden häufig mit 20 Prozent der Arbeit erreicht. 80 Prozent des Boden-Vermögens eines Landes waren zum Beispiel in einem seiner Fälle auf 20 Prozent der Bevölkerung verteilt.

Diese 80-zu-20-Regel ist mit Vorsicht zu genießen, da es wie immer darauf ankommt, was man wo genau misst. Ganz deutlich gesagt: Diese Regel ist nicht überall gültig! Auch ist das Verhältnis 80 zu 20 nicht starr. Verlassen Sie sich daher nicht zu sehr auf diese Formel. ***Aber die Pareto-Regel hat Relevanz für Sie***. Wer sich lange Zeit mit Marketing beschäftigt, der stolpert in großen Datenbanken tatsächlich über Pareto-Effekte: Eine bestimmte Kundengruppe ist für den Löwenanteil des Umsatzes verantwortlich. Diese Beobachtung ist erstaunlich oft vorhanden. Das sollte Ihnen etwas sagen.

HINTERGRUND Pareto-Verteilungen in Datenbanken

Pareto-Effekte erkennen und verstehen

Damit Sie sich beim *Pareto-Effekt* nicht einseitig festlegen, haben wir in dieser Grafik bewusst einmal die 80/20-Aufteilung gebrochen und zeigen eine 10/20/70-Verteilung. Wir verknüpfen dies mit einer zweiten Frage: Wie wichtig ist Ihr Hochpreis-Bereich? Gibt es diesen überhaupt?

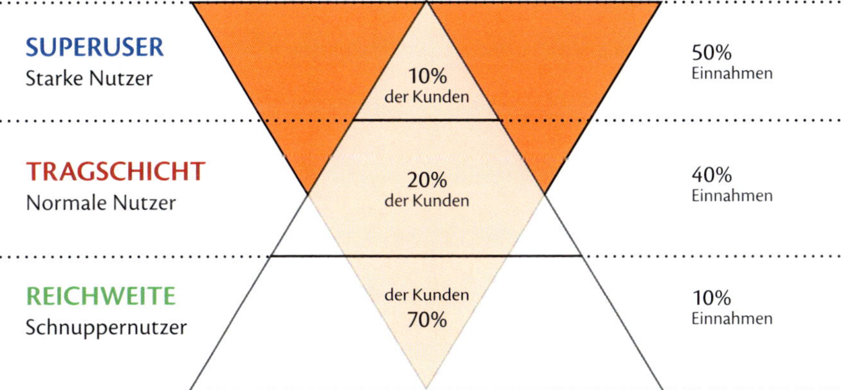

Worauf achten Sie?

Ein *Pareto-Effekt* liegt vor, wenn Sie sehen, dass eine kleine Gruppe (*in diesem Fall 10 %*) für einen überdurchschnittlich hohen Anteil am Gesamtumsatz (*in diesem Fall beachtliche 50 %*) verantwortlich ist.

Wenn ähnliches zu beobachten ist, sollten Sie genau hinschauen:

- Woher kommt dieser hohe Anteil am Umsatz?
- Weil diese Kunden ständig viel bestellen?
- Oder weil Sie einmalig ein besonders teures Produkt gekauft haben?
- Was ist die Motivation, Ihre Lösung / Angebot so stark zu nutzen?

Kommen Sie dem Grund auf die Spur, warum diese kleine Gruppe sich stärker engagiert als die anderen. An dieser Stelle seien Sie nicht denkfaul. Es ist nicht damit getan zu sagen: *„Es gibt zahlungskräftigere Kunden und andere, die keine so hohe Kaufkraft haben."* Denn das stimmt oft so nicht.

Das Auftauchen der Superuser

Der alte *Pareto-Effekt* taucht in einem neuen Gewand in der digitalen Welt wieder auf. Wer sich mit digitalen Geschäftsmodellen beschäftigt, stolpert früher oder später über den „Superuser".

Der Superuser ist ein Nutzer, der nicht nur ein „treuer Kunde" ist. Es ist der Kunde, der wirklich alles und noch mehr möchte. Diese Kunden wollen ihren kompletten Bedarf bei Ihnen decken. Bei einem Experten-Molell kaufen sie zum Beispiel in einem Programm ALLE Materialien und wollen den Experten persönlich sprechen. In einem Online-Shop eines Uhren-Herstellers wie STERNGLAS kaufen sie nicht nur eine Uhr, sondern (sofort oder über die Zeit) mehrere Uhren, hin und wieder sogar das ganze Sortiment. Bei einem Onlinespiel geben sie sehr viel Geld aus, um das höchste Level zu erreichen und so weiter ...

Es gibt in fast allen Bereichen die ***Supernutzer***. Wir nennen Sie bewusst nicht „Superfans" (*wie Nicholas Lovell, siehe rechts*), weil der „Fan" psychologisch noch etwas anderes ist. Natürlich sind einige der Supernutzer auch Fans Ihrer Marke. Häufig sind es aber einfach nur besonders starke Nutzer. Sie wollen oder brauchen die von Ihnen gebotene Lösung besonders stark. Ihre Supernutzer zu kennen, ist ein wesentlicher Faktor für Ihren Erfolg.

Pareto und Superuser sind nicht automatisch da

Pareto und die Superuser sind wichtige Anhaltspunkte. Aber einfach davon auszugehen, dass es auch in Ihrem Geschäftskonzept einen Pareto-Effekt oder die Superuser gibt, wäre ein Fehler. Nur weil andere dieses Phänomen beobachten, bedeutet das noch nicht, dass es bei Ihnen auch so sein wird. Haben Sie nur ein einziges Produkt und dieses kostet 1 Euro, werden Sie es sehr schwer haben. Faustformel: Ein Portfolio mit mehreren Angeboten auf unterschiedlichen Levels ist Voraussetzung. Deshalb haben wir in der Produkt-Treppe® die Superuser-Schicht fest eingeführt. Aus dem einfachen Grund: ***Wenn es diese Superkunden bei Ihnen noch nicht gibt, sollten Sie sie entwickeln!*** Ihnen wird es mit der dritten Schicht finanziell besser gehen. Falls es sie schon gibt: Kümmern Sie sich um sie.

Woher wissen wir, dass es die Superuser gibt?

1. ***Erfahrungen***: Neben Beobachtungen in unserem eigenen Programm bekommen wir die Rückmeldungen von smarten Entrepreneuren, mit denen wir arbeiten oder gesprochen haben: Wer eine gute Arbeit macht, hat früher oder später einen Kreis von Stammkunden, für die es selbstverständlich ist, die neuen Produkte zu kaufen und die gerade auch an den hochpreisigen Angeboten interessiert sind.

2. ***Fachliteratur***: Neben diesen praktischen Erfahrungen wird immer wieder über dieses Phänomen in der Fachliteratur berichtet. Kevin Kelly mit seinem Blogbeitrag „1.000 True Fans" von 2008 ist ein Klassiker. Stellvertretend sei auch Nicholas Lovell genannt.

   Nicholas Lovell: *The Curve*, From Freeloaders into Superfans, 2013

   Ein Zitat aus seinem Buch:
   „(...) NimbleBit (ein Anbieter von digitalen Spielen A.d.R) *macht fast die Hälfte der Einnahmen durch die acht Prozent Superfans unter den Usern, die lieben, was die Firma tut, und die Entwickler sogar nach noch mehr Dingen fragen, die sie kaufen können."*

   Nicholas Lovell analysiert in seinem Buch vor allem größere digitale Firmen, die Services und Angebote kostenlos verschenken, um dann in anderen Segmenten Geld zu verdienen. Das Wort *Freeloader* ist im Englischen eigentlich negativ konnotiert (Trittbrettfahrer), wir würden diese Nutzer in deutsch eher „Gratisnutzer" nennen.

3. ***Wir sitzen direkt an der Quelle:*** Wir kommen aus Hamburg und Hamburg ist heute die Hochburg der Game-Entwickler in Europa. Ca. 5.000 Profis (!) entwickeln in Hamburg Online-Games. Wer sich mit Spiele-Entwicklern austauscht, der wird von ihnen die Bestätigung erhalten: Ja, es gibt sie, die Superuser. Die Spieler, die in den hohen Levels wesentlich mehr zahlen als der Durchschnitt.

Das Phänomen der Superuser ist besonders gut bei Musikern und bei Online-Games belegt. Wir sehen es aber weiter. In unseren Augen ist es quasi ein digitales Pareto-Prinzip.

Die Magie der 3 Schichten

Was bringt Ihnen das Wissen um die drei Nutzerschichten? Mehr Geld. Wir haben es einmal in der folgenden Rechnung auf die Spitze getrieben. Diese Zahlen sind stark vereinfacht und dienen nur der Demonstration. Was würde es bedeuten, wenn sich 100 TSD Euro Umsatz so verteilen:

	Umsatz	Kosten	Kunden
SUPERUSER-Produkte Preis 4.000 €	40 %	25 %	10
TRAGSCHICHT-Produkte Preis 400 €	40 %	25 %	100
REICHWEITE-Produkte Preis 20 €	20 %	25 %	1.000
AKTIONEN	0 %	25 %	

Sie geben unten in der Reichweiten-Schicht das meiste Geld aus. Sagen wir einmal 50 %. Dort nehmen wir die generellen Marketing-Kosten (stehendes Marketing) auf Stufe 0 dazu. Bei den Produkt-Stufen verbleiben die Herstellungskosten und spezielle Marketingkosten wie z.B. ein Launch.

Achtung

Erarbeiten Sie sich diese Zahlen unbedingt in Ihrem eigenen Modell! Die prozentuale Verteilung wird bei Ihnen anders ausfallen und auch von Jahr zu Jahr schwanken. Je mehr Erfahrung Sie haben, um so mehr stützen Sie sich auf bestehende echte eigene Daten.

Beitrag des Hochpreis-Produktes zum Gesamtertrag

In unserem fiktiven Beispiel tragen die 10 Superuser überproportional zum Gesamtertrag bei. Gäbe es im Beispiel die Superuser nicht, würde der Umsatz auf 60 TSD Euro fallen, der Ertrag wäre nur noch 22.500 €. Nur 10 Kunden im Hochpreis-Segment verdoppeln hier das Ergebnis.

Angenommen, Sie hätten 100.000 € Umsatz und 50.000 € Kosten, dann würde im Beispiel die Pareto-Verteilung 11/89 sein, nicht 20/80.

	Umsatz	Kosten	Deckung	Kunden	Kunden in %
Superuser	40.000 €	12.500 €	+ 27.500 €	10	1%
Tragschicht	40.000 €	12.500 €	+ 27.500 €	100	10%
Reichweite	20.000 €	12.500 €	+ 7.500 €	1.000 [1]	89%
Aktionen	0 €	12.500 €	- 12.500 €	10.000	0% [2]
Gesamt	100.000 €	50.000 €	50.000 €	11.110	

Kosten Superuser:
Auf den ersten Blick sieht es so aus, als wenn die Kosten überall gleich sind. Das stimmt nicht pro Kopf. Sie geben in diesem Beispiel das 10-fache für einen Superuser aus als für einen Tragschichtkunden.

Diese Tabelle ist schön gerechnet und führt vor Augen, was Superuser leisten können. Wir selbst versuchen unseren Umsatz nicht so extrem auf 10 Kunden auszurichten und streuen breiter. ***Sicher ist aber:*** Sie werden finanziell besser dastehen, wenn Sie Hochpreis-Produkte etablieren. Viele Anfänger trauen sich das nicht. Denken Sie an dieser Stelle neu: Es geht nicht darum, dass ALLE Ihre Produkte hochpreisig sind, es geht darum, für diese spezielle Gruppe ein passendes Angebot zu haben. Auch müssen Sie dieses Segment nicht sofort vorhalten, es kann wachsen.

1 – An dieser Stelle haben wir etwas gemogelt. Hier müssten streng genommen 890 Kunden stehen. Wir haben das stark gerundet. Damit die Zahlenreihe schön einfach bleibt. Die Mathematiker unter uns mögen es uns verzeihen.

2 – Bei Aktionen steht 0%, weil die Kontakte hier noch keine Kunden sind.

Der 10-Times-Sprung

Wie entwickeln Sie ein gutes Hochpreis-Segment?

Die Erfahrung aus unseren Gruppen: Vielen fällt es schwer, in ihren Gedanken „nach oben“ zu kommen. Gerade Frauen nehmen chronisch zu wenig für ihre Leistungen. Die Technik des 10-Times-Sprungs zwingt Sie, einmal über sich hinaus zu denken. Ziel ist es, ein attraktives Hochpreis-Angebot gezielt auf der Treppe zu verankern.

Was nicht funktioniert

Wenn Sie einfach ein „normales“ Produkt ein wenig aufpoppen und dann das Zehnfache verlangen. Kunden sind nicht blöd. Sie fühlen die Wertigkeit eines Angebots und fühlen sehr genau, ob sich die Ausgabe lohnt oder nicht (und ob sie Ihnen vertrauen). Also müssen Sie etwas bieten, das wirklich wertvoller ist als Ihre bisherige Tragschicht.

Um diesen Gedankensprung zu schaffen, raten wir zur 10-Times-Frage:

Was müssten Sie tun, damit Ihre Kunden für eines Ihrer Produkte 10 mal so viel ausgeben, wie Sie bisher für ein Tragschicht-Produkt bekamen?

Diese Frage holt Sie defintiv aus der Komfortzone. Wenn Sie an einer Stelle das 10-fache fakturieren wollen wie bisher, können Sie nicht so bleiben, wie Sie sind! Sie müssen etwas tun, das 10-fach so viel wert ist.

Hier ein paar Tipps für ein Superuser-Produkt

Maker	Meisterstücke / Sammlerstücke / Set mit allen nötigen Dingen
Händler	Ein Bundle oder besonders hochwertige Materialien / Raritäten
Experte	Ein Event mit der Expertin / dem Experten persönlich
Service	Ein besonders hohes Service-Level inklusive einer Sondergarantie
Erlebnis	An einem besonders magischen Ort mit hohem Wohlfühlfaktor

Wo ist Ihr Einstiegs-Niveau?

Es geht jeweils um das Preis-Niveau nicht um den exakten Preis eines Produktes. Pro Stufe kann es wie immer ein einzelnes oder mehrere Produkte geben. Sie müssen auch nicht exakt das 10-fache springen.

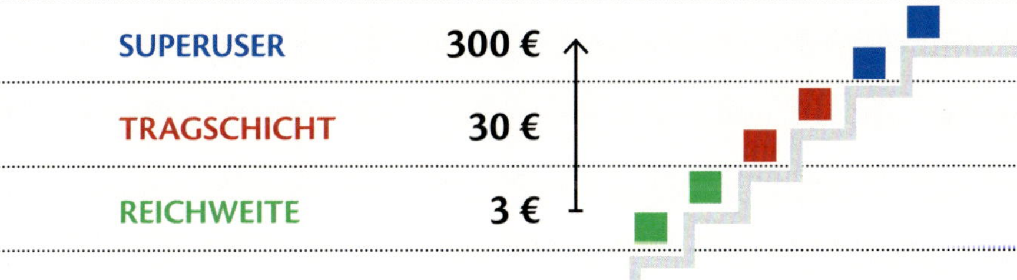

Im ersten Beispiel ist der Einstieg niedrig. Die Produkte in der Reichweiten-Schicht kosten nur 3 Euro. Wenn Sie den 10-Times-Sprung zweimal nach oben anwenden, landen Sie bei den Superuser-Produkten bei einem Preis von 300 Euro. Angenommen, Sie verkaufen Bastel-Anleitungen, wäre eine Bastel-Anleitung für 300 Euro tatsächlich vermutlich das Maximum. Was wäre aber, wenn Sie gleich ein ganzes Level weiter oben denken?

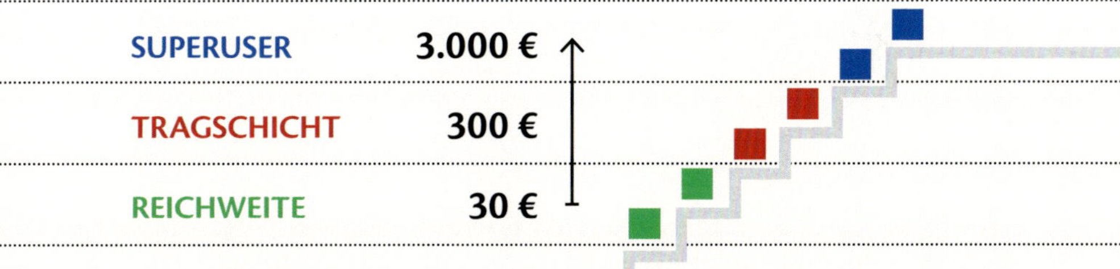

Um auf den gleichen Umsatz zu kommen, brauchen Sie oben höhere Stückzahlen (grob gesagt müssen Sie 10 x mehr verkaufen). Das bedeutet aber nicht, dass mit der unteren Produkt-Treppe® einfacher zu arbeiten ist. Wie immer hängt es vom Thema und anderen Faktoren etc. ab.

Wunschkunden-Design

Die Entwicklung der drei Schichten auf Ihrer Treppe ist mehr als eine Frage der Mathematik. Wir möchten Sie mit der Produkt-Treppe® für eine positive Sicht auf Ihre Kunden gewinnen. Ihre Treppe hochzusteigen, soll Ihren Kunden nicht nur etwas bringen *(ein Problem lösen, ein Ziel erreichen)*, sondern möglichst auch Spaß machen – Ihren Kunden und IHNEN!

Damit Sie das können, ***sollten Sie Ihre Kunden mögen.*** Vielleicht nicht jeden Einzelnen, aber in Summa. Damit kommen wir zu einem Wechselspiel zwischen IHNEN, Ihren Kunden und Ihren Produkten.

- Ihre Produkte sollten Ihren Kunden gefallen — *WOW!-Produkte*
- Ihre Kunden sollten ***Ihnen*** gefallen — *Ihre Wunschkunden*

Produkte schaffen, die Ihre Wunschkunden anziehen

Hier kommt ein Geheimnis ins Spiel, das uns seit einigen Jahren fasziniert. Sie kennen vielleicht den Satz: *„Wie man in den Wald hineinruft, so schallt es heraus."* Das bedeutet: Sie können gestalten, wer aus dem Wald herauskommt. Darum soll es hier am Ende des Kapitels gehen – das Wechselspiel zwischen Ihnen, Ihrer Ausstrahlung (der Ausstrahlung Ihrer Produkte), der Zufriedenheit Ihrer Kunden und Ihrem Erfolg:

- Ihre Produkte ziehen Ihre Kunden
- Was für Kunden hätten Sie denn gerne?
- Wie können Sie für Ihre Kunden ein optimales Kundenerlebnis schaffen?
- Wie kann es über die Zeit zu echten Beziehungen kommen?

Dahinter steht eine Frage, die für Ihren 10-Times-Sprung wichtig ist. *Mit wem wollen Sie in Ihrem Superuser-Bereich zusammenarbeiten?* Machen Sie sich nichts vor: Ihr Geschäftskonzept wird Sie beschäftigen, Ihre Kunden werden Sie beschäftigen. Diese Menschen und Beziehungen werden in Ihrem Kopf sein.

- Wie möchten Sie das gestalten, was wollen Sie dort erleben?
- Was sind Ihre Superuser-Wunschkunden?

Übung

Nicht immer mehr vom Gleichen

Wir nehmen zur Demonstration noch einmal das Beispiel Krimi-Autorin (ein Erlebnis-Modell) von Kapitel 3 auf, wohl wissend, dass Sie wahrscheinlich keine Krimis schreiben wollen. Alles, was wir hier durchgehen, trifft aber auch auf andere smarte Konzepte zu. Es geht um das Prinzip.

Zunächst geben wir unserer Autorin einen Namen: *Anna Anspruchsvoll.* Sie wünscht sich ruhige Arbeit, liebt das Schreiben und Krimis. Ihr erstes Buch „Ein anspruchsvoller Mord" wird ein Erfolg. Gehen wir einmal davon aus, dass Anna Anspruchsvoll Selfpublisherin ist und das auch bleiben will. Sie hat dadurch ihre Produkt-Treppe® komplett in der eigenen Hand und kann bestimmen, was sie tut. Im Kern ist sie ihr eigener Verlag, ein kompaktes, smartes, gut steuerbares Business.

Das passende Tragschicht-Produkt

Ihr erstes Buch wird ein Erfolg. Dann kann sie natürlich ein zweites und drittes Buch schreiben. Die „Anspruchsvolle-Morde-Krimi-Buchserie" etabliert sich. In diesem Fall ist die Wahl der Tragschicht-Produkte einfach: Krimis. Trotzdem kann Anna Anspruchsvoll bereits hier tiefer einsteigen. Was sind *„anspruchsvolle Krimi-Leser"*? E-Book-Leser? Softcover-Leserinnen? Prachtband-Hardcover-Leser? Eine Serien-Leserin?

- Buch ist nicht gleich Buch.
- Was ist das perfekte Buch für ihre Wunschkundin?

Im Start-up-Bereich spricht man hier vom *Problem Solution Fit*. Bedeutet: Sie haben eine Lösung, die zu einem Kunden passt. Wissen Sie, wie Ihr Wunschkunde tickt, können Sie Ihr Produkt weiter „aufladen" und mit einem höheren Wert versehen. Als Krimi-Autorin kann es ein lokaler Blickwinkel sein: Sie schreiben z.B. über Mordfälle auf Sylt (wie *Gisa Pauly* das tut) oder haben die Kompetenz für ein bestimmtes Genre (wie *Patricia Cornwell*, sie erfand den forensischen Krimi), eine bestimmte Kurzweiligkeit oder Weltsicht. Sie tunen also Ihre grundlegende Produkt-Qualität. In puncto Qualität gilt auf jeden Fall *„More of the Same"* = Kontinuität. Diese Genetik finden Sie auf der ganzen Treppe.

Übung

„More of the same" oder Sprung auf ein höheres Level?

Anna Anspruchsvoll hat ihre Krimi-Serie etabliert. Und so könnte sie bis zu ihrem Lebensabend weiter Bücher schreiben *(Agatha Christie schrieb 66 Bücher ...)*. Immer mehr vom Gleichen. Wenn Anna Anspruchsvoll damit erfolgreich ist, ist das in Ordnung. Smarte Produkte müssen nicht ständig innovativ sein. Wir wollen aber einen Schritt weiter.

Sie haben Ihr normales Produkt gefunden. Ihr Arbeitspferd.

- Das kann ein Buchformat sein: Hardcover Krimi für 24,90 €
- Bei einem Händler kann es ein grundlegendes Sortiment sein
- Bei einem Maker kann es ein Gerät sein, das Sie entwickelt haben
- Bei einem Service kann es ein bestimmtes Service-Paket sein

Ihr Tragschicht-Produkt stellen Sie auf Stufe 3, wie in Kapitel 2 beschrieben, machen dafür Marketing und bauen Reichweite auf.

Stellen Sie nun die 10-Times-Frage

- Anna Anspruchsvoll verkauft ihre Krimis für 24,90 €
- Was wäre dann ein 250 Euro Produkt?
- Was wäre dann ein 2.500 Euro Produkt?

Die eigene Rolle erweitern

Um diese Produkte „zu finden", geht Anna Anspruchsvoll im Mindset einen Schritt weiter. Sie darf sich nicht nur als Autorin sehen (einseitige Sichtweise), sondern denkt als ***Erlebnis-Entrepreneurin***.

- Schritt 1 ist also eine Erweiterung des Rollenverständnisses
- Sie haben nicht nur eine fixe Rolle, sondern sind Unternehmer_in

Nehmen Sie sich Zeit, die eigenen Kunden zu verstehen

Der zweite Schritt ist in der Praxis oft schwieriger: Sie brauchen ein klares Bild, wer Ihre Wunschkunden sind. Es gilt, den Bedarf zu finden, der über den Bedarf Ihres Tragschicht-Kunden hinausgeht. Um Ihre Treppe mit der Magie der drei Schichten zu füllen, setzt Anna Anspruchsvoll sich in Ruhe einen Nachmittag hin und denkt darüber nach, mit wem sie in den nächsten Jahren zusammen arbeiten will und was diese Kunden brauchen.

Von mir zu meinen Wunschkunden

Den folgenden Prozess nennen wir „Wechsel-Spiegel". Auf der einen Seite geht es um Sie: Mit wem wollen Sie arbeiten? Auf der anderen Seite um den Bedarf dieser Personen. Was für Wunschkunden möchte Anna Anspruchsvoll anziehen? Werden die Leser_innen ihrer Bücher bildungsfern sein? Eher nicht. Sie wird *„auf ihrer Augenhöhe"* arbeiten wollen. Die Beschreibung ihrer Wunschkunden könnte dann so aussehen:

- Meine Wunschkunden sind anspruchsvolle Frauen, die Ruhe suchen.
- Es sind begeisterte (anspruchsvolle) Krimi-Leserinnen.
- Sie lesen auch andere Krimis, nicht nur Krimis von mir.
- Sie leben in Deutschland, sind 35 Jahre und aufwärts und lieben ...

Wo ist hier der Kern für ein neues Angebot? Sie wird es nicht schaffen, einen Krimi für 250 oder 2.500 Euro zu verkaufen. Jedenfalls nicht als Buch. Dort gibt es Preise, die nicht durchbrochen werden.

Also gilt es, ***eine neue Produkt-Gattung zu schaffen!***

Anna Anspruchsvoll hat ihre Wunschkundinnen oben so beschrieben: *Anspruchsvolle Frauen, die Ruhe suchen.* In diesem Bedürfnis steckt der Kern für ihr Superuser-Produkt: Frauen, die – wie sie – Ruhe suchen.

Was wäre ein hochpreisiges „Ruhe-Produkt"?

Eine dazu passende Gattung könnte das Event sein. *Wie könnte Anna Anspruchsvoll Events schaffen, die Frauen in die Ruhe bringen und hochwertig sind?* Vielleicht ein Wochenende an einem ausgesuchten Ort, an dem die Autorin exklusiv Einblicke in ihr neues Buch gibt? Teile daraus vorliest, mit den Frauen den neuen Plot diskutiert. Ansonsten viel Zeit zum Lesen, Schreiben etc. Oder ein Krimi-Urlaub? Sie stellt während der Tage 10 verschiedene Krimi-Autorinnen vor und hat auch von allen genug Bücher dabei. Ansonsten viel ruhige Zeit, um zu lesen und auszuspannen.

Ob das funktioniert? Hinterfragen Sie so etwas nicht sofort. Probieren Sie das aus (siehe dazu Kapitel 8 – agiles arbeiten). Wichtig ist: Sie ziehen mit Ihrem Angebot Ihre Wunschkunden. Sie gestalten dies. Seien Sie beim Wunschkunden-Design also nicht faul.

Ende der Übung

In drei Schichten denken

Die Einteilung in Reichweite, Tragschicht und Superuser macht aus Ihrem Portfolio ein strategisch sortiertes Portfolio. Das ist der Unterschied zu einem Bauchladen. Die einfachste Strategie ist, in allen drei Schichten gut aufgestellt zu sein. Aber Sie können auch eigene Akzente setzen. Sie können mit gezielten Schlüsselfragen strategisch neue Winkelzüge an der Produkt-Treppe® durchspielen.

Solche Fragen können beispielsweise sein:

- Was wäre, wenn Sie bereits auf Stufe 2 mit dem Preis hochgehen?
- Was wäre, wenn Sie auf Stufe 1 und 2 alles verschenken?
- Was wäre, wenn Sie im Superuser-Segment andere Kunden ansprechen als in der Tragschicht? *(Tragschicht B2C, Superuser aber B2B)*
- Was wäre, wenn Sie nicht nur 1 Superuser-Produkt schaffen?

Magie entwickelt sich aus einer Vision

Dieses Kapitel ist überschrieben mit der „Magie der 3 Schichten". Es ist tatsächlich verblüffend, wie Geschäftsmodelle an Stärke gewinnen, wenn Sie aus einem „flachen" Modell aussteigen (nur Produkte gleicher Art) und in ein mehrschichtiges Modell wechseln.

Wir erleben immer wieder, wie Entrepreneure plötzlich *„in die Ferne starren"*, weil sie im Superuser-Bereich ein Produkt vor Augen haben, das ihnen wirklich Spaß machen könnte und gleichzeitig einen höheren Ertrag bringen würde. Leisten Sie sich ein wenig Zeit, solche Dinge durchzuspielen. Der Schritt aus einem flachen Geschäftsmodell heraus in eine zugkräftige Produkt-Treppe® ist oft der Schritt zu mehr Erfolg. In diesem Sinne: Denken Sie strategisch – in drei Schichten.

Am Ende noch eine Bitte: Erfolg geht, aber rechnen Sie sich nicht reich. Wenn Sie den 10-Times-Sprung und Wunschkunden designen, halten Sie sich immer vor Augen: Die Zahlen stehen nur auf einem Blatt Papier. In Kapitel 8 werden wir tiefer einsteigen, wie Sie Ihr Modell testen und prüfen können, ob Ihre Annahmen stimmen.

Zusammenfassung

Sie gestalten, wie Ihre Produkte in den Wald hineinrufen

- Ihre Produkte ziehen die dazu passenden Kunden an
- Haben Sie nur eine Gattung und einen Preis, hat das Konsequenzen
- Gestalten Sie also Ihre Produkte strategisch und nicht nur aus Routine

Verstehen Sie Ihre Superuser

- Lernen Sie Ihre Superuser kennen – was wünschen sie?
- Prüfen Sie Ihre Zahlen, wo sind Ansatzpunkte für Superuser-Produkte?
- Ein Hochpreis-Angebot, richtig gesetzt, bringt Sie im Umsatz weiter

Ein Portfolio-Modell bildet die Strategie über Produkt-Segmente ab

- Sehen Sie durch Ihre Produkte hindurch – was bewirken sie
- Wunschkunden-Design, 10-Times-Sprung, Superuser sind Techniken
- Rückgrat für die Portfolio-Gestaltung ist die Produkt-Treppe®

Sie sind mit diesem Schritt fertig, wenn Sie dies beantworten können:

Können Sie die Funktion der drei Schichten unterscheiden?

Reichweite / Tragschicht / Superuser

Haben Sie ein konkretes Bild Ihrer Wunschkunden?

Konzentrieren Sie sich auf vier bis fünf grundlegende Eigenschaften

05 FERTIG

Zeit für Pause und Notizen

Kapitel 6 – Gute Funnels und Vertrauensmarketing

6 Marketing-System mit der Treppe

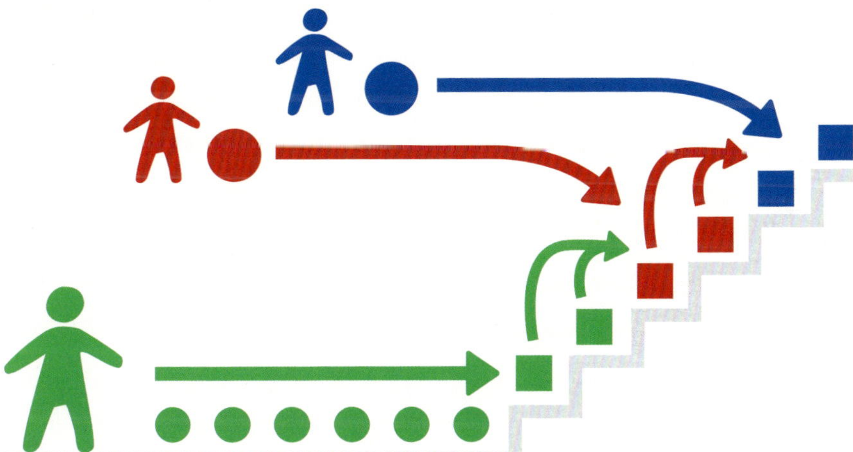

Eine Treppe kann viele Anfahrtswege haben

Ihr Marketing führt Interessenten an Ihre Produkte heran. Viele verwechseln die Produkt-Treppe® dabei mit einem Funnel. Das ist verständlich, weil es eng zusammenhängt. Es ist aber NICHT das Gleiche. Lernen Sie, wie Sie Ihre Treppe durch ein eigenes Funnel-System noch stärker machen und warum Ihre Kunden in einem Funnel nicht gejagt werden wollen.

Die Treppe ist kein Funnel

Es passiert immer wieder: Wir stellen die Produkt-Treppe® vor und das Gegenüber sagt spontan: *„Verstanden, das ist im Prinzip ein Funnel."*

Das ist nicht so! Es gibt große Unterschiede zwischen Ihren einzelnen Funnels und Ihrer Produkt-Treppe. Dass viele dies durcheinanderwerfen, ist aber verständlich und hat drei Ursachen:

1 – Im Online-Marketing wird fast nur noch mit sog. *Funnels* gearbeitet. Dort beginnt das Denken und dort hört es bei vielen auch auf. Wer nur kurzfristig immer wieder auf beliebige Produkte optimiert, denkt nur an den vorlaufenden Funnel, nicht im Kontext aller Produkte.

2 – Die Treppe hat viel mit Ihrem Funnel *(Einzahl)* oder Ihren Funnels *(Mehrzahl)* zu tun und umgekehrt. Diese Nähe ist spürbar und gewollt.

3 – Die drei Schichten der Treppe *(Reichweite, Tragschicht und Superuser)* werden oft mit den psychologischen Phasen in einem Kaufprozess verwechselt *(Aufmerksamkeit, Interesse, Kauf)*.

Diese Dinge greifen ineinander. Sie sind aber nicht identisch.

Wer erfolgreich ein Smart Business Concept aufbauen will, tut gut daran, diese Dinge zu unterscheiden. Das sehen übrigens nicht nur wir so. Unter anderen denkt *Russell Brunson*, der Gründer von *ClickFunnels*, an dieser Stelle ähnlich wie wir. Für ihn ist eine Firma ein System von Funnels, das auf einem strukturierten Wertangebot basiert. Auch er (und er ist ein Funnel-Freak) sagt: Beides ist ähnlich, nicht identisch.

Wichtig

- Lernen Sie Produkt-Treppe® und einzelne Funnels zu unterscheiden
- Beides konzentriert sich auf den Bedarf Ihrer Kunden
- Einmal in Produkte gegossen, zum anderen in die „Anfahrtswege"

Unterscheiden Sie vier Dinge in Ihrem Marketing-System

A – Die Psychologie eines einzelnen Verkaufs

Eine Abfolge „im Kopf“. Welche Emotionen, Zweifel und Fragen bewegen einen Kunden während einer Entscheidung?

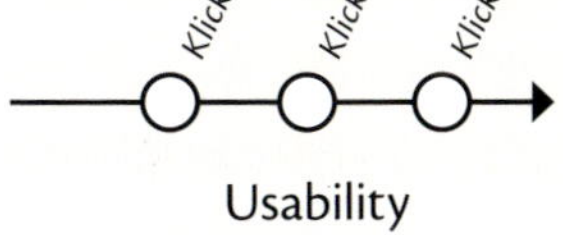

B – Der Ablauf eines einzelnen Vorgangs (Funktion)

Eine technische Abfolge von Ereignissen. Welche Seite wird wann aufgerufen, welcher Button geklickt, welche Informationen versendet?

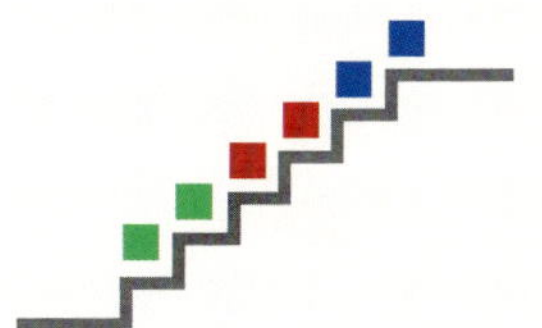

C – Die Ordnung Ihres Produkt-Portfolios

Welche Produkte haben Sie und wie bauen diese aufeinander auf? Das ist wie eine Inventur: Was haben Sie überhaupt im Angebot?

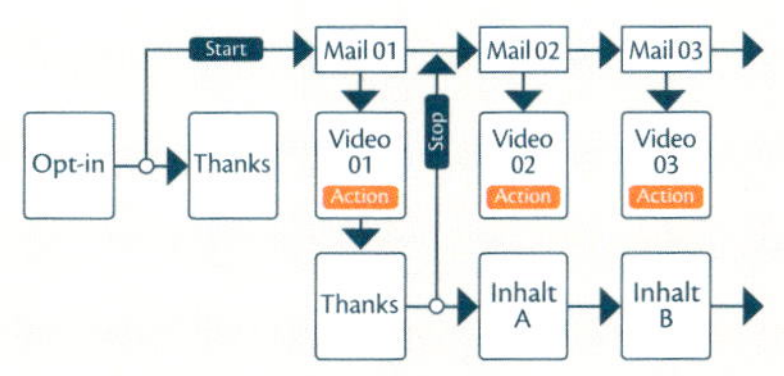

D – Ein komplexer automatisierter Funnel

Ein programmierter Ablauf, der je nach Handlung des Kunden immer wieder an andere Punkte springt. Er verknüpft quasi A–B–C.

In vielen How-To-Do Büchern und auf Websites wird das Thema „Funnel“ der Einfachheit halber in einer einzigen Info-Grafik zusammengeführt. Aber das hilft Ihnen nicht, flexible, moderne Systeme zu entwickeln. Schlachten wir daher als erstes eine weitverbreitete Grafik: Das Trichter-Bild.

Der Trichter als Symbol für „den" Funnel schlechthin

Die Logik eines ***Funnels*** wird oft mit einem Trichter-Bild dargestellt (*Funnel ist das englische Wort für Trichter*). Zum Beispiel so:

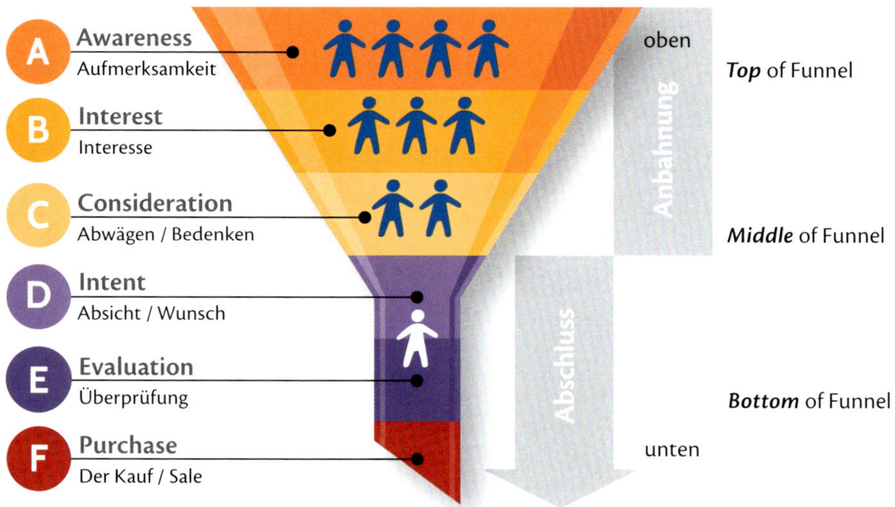

Das Bild des Trichters ist einseitig – weil Funnels vielförmig sind!

Dieses Bild ist sehr plastisch, lässt Sie aber meist im Stich, wenn Sie die Struktur Ihres Marketings skizzieren. Funnels haben vielfältige Funktionen und Gestalt und in der Regel haben Sie mehr als einen davon:

• Verkaufsprozess für ein einzelnes Produkt	Mono-Sales-Funnel
• automatisierter komplexer Funnel	Multi-Product-Funnel
• Sprung von einem Funnel in den nächsten	ereignisbasierter Sprung
• der Eintrag in einen Newsletter	Opt-in-Funnel

Fazit: In der praktischen Arbeit hilft die Trichter-Grafik wenig.

Wir drehen den Trichter um 90°

Um verschiedene Funnels mit der Treppe kombinieren zu können, verabschieden wir uns von dem alten Trichter. Wir machen daraus eine querliegende Pyramide. Die Fluss-Richtung geht nun von links nach rechts.

Die Treppe skizzieren Sie von links nach rechts, Ihre Funnels auch

Stellen Sie sich das im Zusammenspiel mit der Treppe dann so vor:

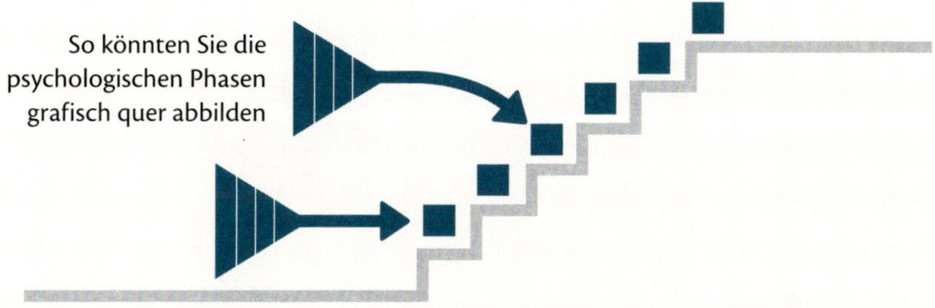

Labels reichen

Für die Übersichts-Planung brauchen Sie die psychologischen Phasen aber gar nicht. Geben Sie Ihren Funnels je einen Namen. Das reicht.

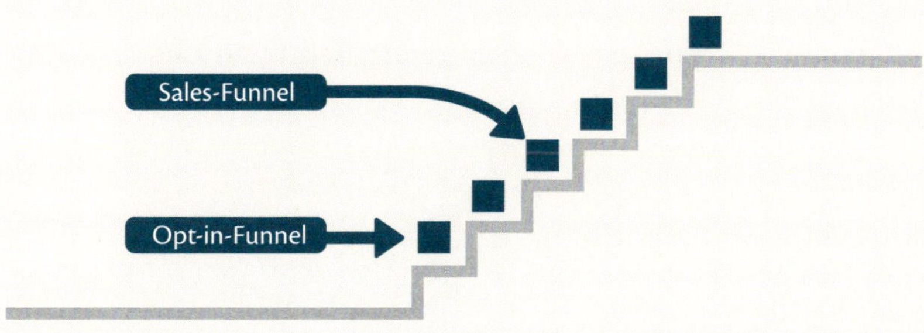

Klassischer Mono-Sales-Funnel

Analysieren wir nun Funnel-Logiken mit der Flussrichtung von links nach rechts. Dann fällt auf, dass die einen „nur" verkaufen, die anderen aber schon weiter denken – in Richtung Customer Journey.

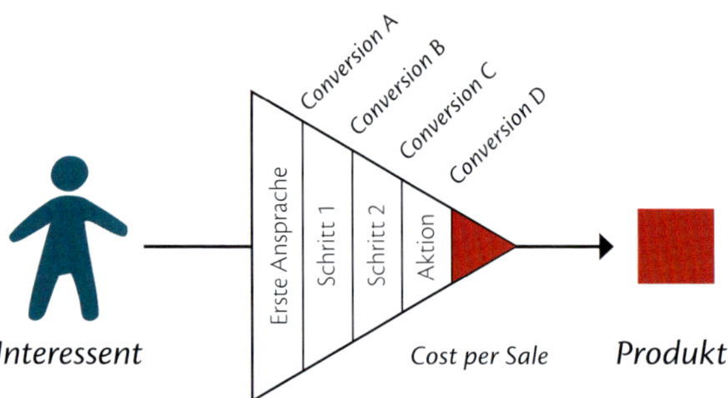

Mögliches Medium	AIDA-Formel		oft gezählt als
Anzeige	Attention	Aufmerksamkeit	View
Landing Page	Interest	Interesse wecken	Lead
Video	Desire	Verlangen schüren	Prospect
Call to Action	Action (Kauf)	Handlung	Kunde

Zielt auf eine einzelne Handlung

Ein herkömmlicher Funnel leitet Traffic vom ersten Kontakt bis zu einer Handlung (Action). In der Regel braucht es viele Views und Leads, bis eine kleinere Gruppe sich z.B. zu einem Kauf entschließt.

Etwas zweites fällt uns auf – Verlangen schüren

Kann die Conversion-Rate im Funnel gesteigert werden? Viele Ansätze im Online- und Neuromarketing setzen hier auf psychologische Stimulation. „*Desire*" steht dabei oft für den Versuch, die limbische Schicht im Gehirn zu aktivieren (*Angst, Begierde, Sex, Status etc.*). Solche AIDA-getriebenen Funnels neigen daher zur Manipulation.

Kanal-Ansatz bei Alexander Osterwalder

Business Model Generation gliedert einen Kanal in einzelne Phasen, die im Prinzip der Abfolge eines Funnels entsprechen, aber schon einen Schritt weiter in Richtung *Customer Journey* gehen.

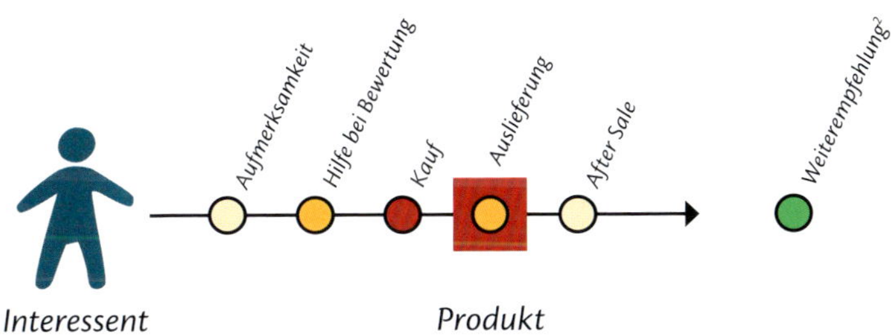

Kanalphasen	Englisch	
Aufmerksamkeit	Awareness	Aufmerksamkeit
Hilfe bei Bewertung	Evaluation	Helfen, den Wert zu verstehen
Kauf	Purchase	Wie wird der Erwerb angeboten?
Auslieferung[1]	Delivery	Auslieferung des Wertangebots
Nach dem Kauf	After Sale	Kundensupport nach dem Kauf

Funktionale Sicht – was passiert im Prozess wann?

Business Model Canvas stellt in einem Kanal die Psychologie nicht so stark nach vorne wie bei AIDA-getriebenen Funnels, bildet eher die Prozess-Kette ab und geht über den eigentlichen Kauf hinaus. Damit deutet diese Abfolge bereits die Beziehungs-Dimension an:

- Die Auslieferung ist ein wichtiges Erlebnis
- Nach dem Kauf ist vor dem nächsten Kauf / Service / Update
- Damit wird das Kunden-Erlebnis und die Beziehung wichtiger

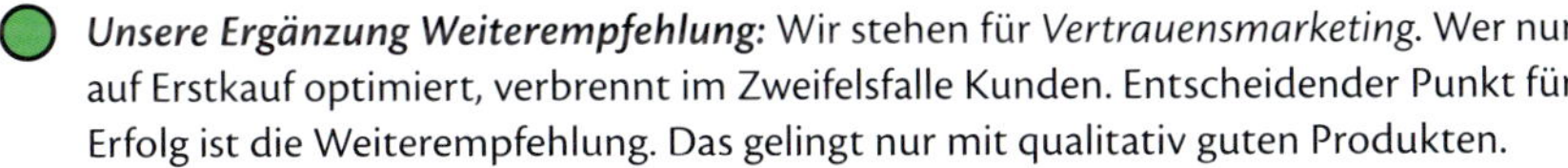

Unsere Ergänzung Weiterempfehlung: Wir stehen für *Vertrauensmarketing*. Wer nur auf Erstkauf optimiert, verbrennt im Zweifelsfalle Kunden. Entscheidender Punkt für Erfolg ist die Weiterempfehlung. Das gelingt nur mit qualitativ guten Produkten.

1 – In der deutschen Übersetzung steht „Vermittlung", nicht „Auslieferung". „Delivery" würden wir aber mit „Auslieferung" übersetzen. Ist für uns griffiger.

2 – Der Punkt Weiterempfehlung ist von uns hinzugefügt worden.

Unterschied Gier-Funnel zur Qualitäts-Treppe

Der Unterschied zwischen einem einzigen Sale und dem kompletten Kunden-Zyklus ist wichtig. Giermarketing-Systeme verkaufen häufig mit aller Gewalt ein einziges Produkt und „verbrennen" dabei die Kunden.

Die Produkt-Treppe® unterscheidet sich von einem „kurzatmigen" Gier-Funnel. Zumindest ist dies unser Ansatz. Im Online-Marketing wird Ihnen viel Westentaschen-Psychologie untergeschoben. Viele Konzepte aus der *MMO*-Fraktion (*Make Money Online*) sind *Squeeze-Konzepte*. Eine *Squeeze-Page* ist in einem *Sales-Funnel* die Website, auf der Menschen oft in eine Entscheidung gedrängt werden (*to squeeze*).

Uns stören dabei schon allein Worte wie:

Hook Haken setzen
Tripwire Fangdraht, Stolperdraht
Squeeze Quetschen

Der Kunde ist kein Schlachtvieh

Was uns hier nicht gefällt: Die Respektlosigkeit gegenüber den Kunden. Mit dieser Haltung verwandelt sich digitales Marketing in einen Druckkessel. Wir wollen aber keine Menschen in eine Ecke drängen und dann mit ihrem Geld abziehen. Wir haben Kunden, die wir schätzen. Wir sind absolut nicht gegen hohe Conversion-Rates und messen auch unsere Verkaufserfolge, aber wir möchten Ihren Blick vom einzelnen Sale zur kompletten ***vertrauensvollen*** Kundenbeziehung drehen. An dieser Stelle sind wir hanseatische Kaufleute. Ehrlichkeit ist unsere höchste Tugend.

Der erste Sale ist der Anfang einer Beziehung

Die Produkt-Treppe® setzt ein positives Bild: Sie führen Ihre Kunden über gute Produkte nach oben. Deswegen können Ihre Kunden Ihren Angeboten zu Recht trauen. Das nennen wir Vertrauensmarketing. Die Produkt-Treppe® holt Sie damit aus der Hardcore-Sales-Trichterdenke heraus, ohne die Notwendigkeit eines guten Marketings zu vernachlässigen.

GIERMARKETING Squeeze-Marketing lügt, um Druck aufzubauen

Giergetriebene Marketer nehmen das englische Wort *Funnel (= Trichter)* wörtlich. Sie bauen Trichter als psychologische Massen-Zwickmühlen auf.

Kaufe und Du wirst reich!

Aber nur, wenn Du es sofort tust.

Kunde erreicht das versprochene Ziel nicht.

- Es wird eine möglichst große Karotte gezeigt.
- Dann manipulative (vorgetäuschte) Verknappung.
- Bei gleichzeitig hohem Entscheidungs-Druck.

Mehr zum Unterschied von Giermarketing zu Vertrauensmarketing im Marketing Generator

VERTRAUENSMARKETING Customer Journey über die ganze Treppe

Die Treppe ist der Pfad Ihrer Kundenbeziehung

Bei der Kundenbeziehung wird oft von „Momenten der Wahrheit“ gesprochen *(Moment of Truth)*. Das sind die Momente, an denen der Kunde erlebt, ob Ihre Versprechen gehalten werden oder nicht.

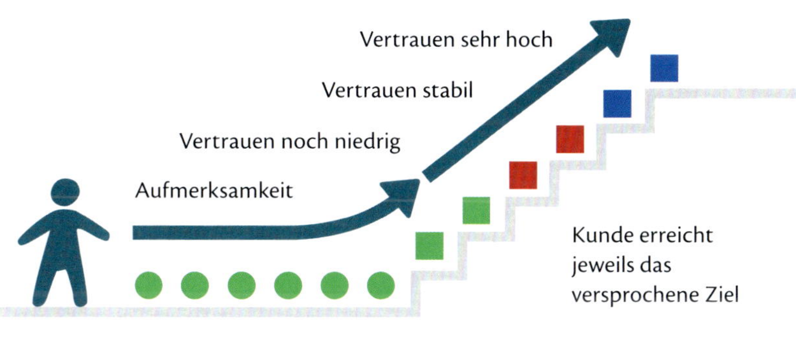

Der Marketing-Einzeller

Wir hatten zu Beginn des Buches gesagt: Halten Sie Ihr Geschäftskonzept einfach. Die Möglichkeiten, Ihr Marketing über automatisierte E-Mail oder Funnel-Systeme aufzubauen, werden immer ausgefuchster. Das kann schnell unübersichtlich werden. Deshalb auch hier der Rat: Halten Sie es zu Beginn einfach und erweitern Sie Ihr Marketing-System Stück für Stück.

Das simpelste Marketing-System

- Ein Produkt
- Ein Newsletter
- Ein Opt-in-Funnel für den Newsletter

Angenommen, Sie hätten zu Beginn nur ein einziges Tragschicht-Produkt. Zum Beispiel einen Online-Kurs. Dann wäre ein simples System:

So geht es

Sie werben in diesem System für Ihren Newsletter. Nach der Anmeldung bauen Sie dort eine erste kurze Beziehung auf und können dann Ihr Produkt anbieten.

Vorteile

- Sie müssen nicht sofort verkaufen
- Ihr Kontakt bleibt auch dann erhalten, wenn der erste Sale nicht sofort anspricht

Nachteile

- Newsletter-Anmeldungen zu gewinnen, ist nicht einfach
- Was ist mit den Kunden, die sofort kaufen wollen?
- Hat der Kunde gekauft, was dann?

Dieses Vorgehen macht am meisten Sinn, wenn Sie ein Abo-Produkt haben.

Der Marketing-Mehrzeller

In der Regel werden Sie nicht bei einem Angebot stehen bleiben. Nehmen wir ein zweites Produkt hinzu. Und nehmen wir an, Sie verkaufen nicht mehr nur mehrstufig, sondern parallel auch direkt auf der Website. Dadurch wird das System sofort anspruchsvoller.

Sie haben nun

- Zwei Produkte, einen Newsletter
- Einen Opt-in-Funnel für den Newsletter
- Pro Produkt einen eigenen Sales-Funnel
- Eine Automatisierung

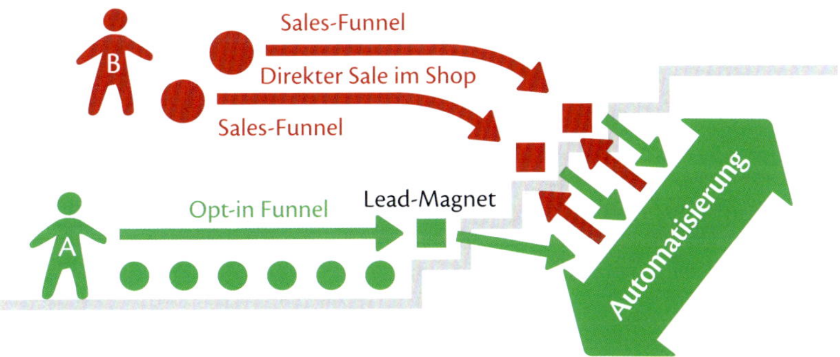

So geht es

Sie gewinnen neue Interessenten (Leads) über ein vorgelagertes Marketing. Einmal in der Automatisierung, führen Sie Interessenten die Treppe hoch. Kauft ein Kunde direkt ein Produkt, fragen Sie, ob er in den Newsletter eingetragen werden möchte. Dann hinterlegen Sie Regeln, was in welchem Einzelfall der nächste Schritt ist.

Vorteile

- Sie haben jetzt mehr Hinführungen zu Ihrem Produkt
- Sie können nach einem ersten Kauf ein zweites Produkt anbieten

Nachteile

- Sie brauchen jetzt mehr Technik
- Sie müssen den Überblick behalten

Ein voll ausgebautes Marketing-System

Mit jedem weiteren Produkt können Sie nun das Regelwerk in Ihrer Automatisierung verfeinern. Wie schon gesagt: Versuchen Sie nicht, ohne Vorerfahrung ein großes System auf einen Schlag aufzubauen. Damit übernehmen Sie sich. Erfolgreiche Systeme zeichnen sich durch eine gut gesteuerte, gewachsene Komplexität aus.

Wir unterscheiden in drei Haupt-Systeme

Grundlegendes Marketing mit Hintergrund-Automatisierung

- Grundlegender Opt-in-Funnel mit Lead-Magnet in den Newsletter
- Bringt Interessenten in die grundlegende Automatisierung
- Die Automatisierung hat den Überblick: Wer hat was gekauft?

Einzelne Sales-Funnels für den Direktverkauf

- Jedes Produkt kann in Aktionen oder zyklisch direkt verkauft werden
- Entweder in Shops, Webinaren oder anderen Sales Aktionen
- Einzelne Sales-Funnel führen dann direkt an die Produkte heran

Upsale-Logik

- Kauft ein Kunde ein Produkt, kann es (sofort) einen Upsale geben
- Abgestimmt mit der grundlegenden Hintergrund-Automatisierung
- Das ist z.B. ein Zusatzangebot oder Bundle-Angebot

Wie automatisieren Sie?

Zur Zeit liegen Newsletter-Systeme mit integrierten Systemen im Wettstreit. Die Automatisierungsmöglichkeiten von Newsletter-Komponenten wie z.B. *MailChimp, Mailingwork, Active Campaign* werden immer mächtiger. Gleichzeitig ziehen die Marketing- und Salesplattformen nach und integrieren eigene Funnel-Systeme. Auf Stufe 1 steht also der Einstieg entweder in einen Newsletter oder eine andere Automatisierung.

Multi-Entry-System

Auch gerade bei einem vielschichtigen System hilft die Produkt-Treppe®, zu planen und den Überblick zu behalten.

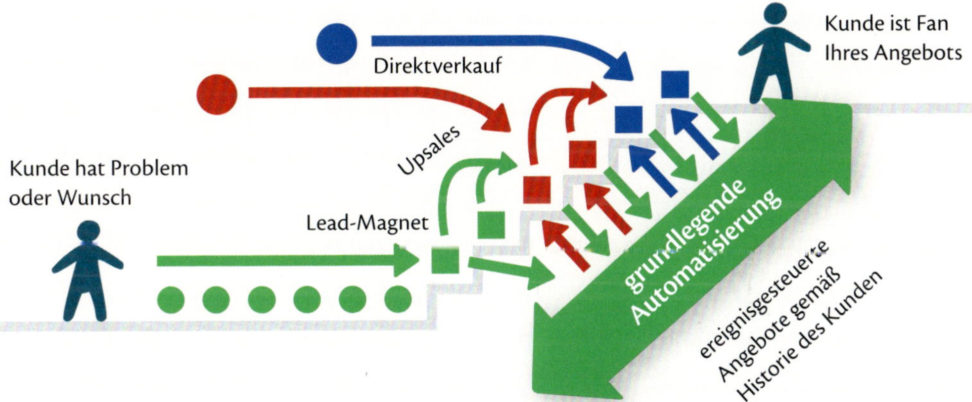

Tipp

Zeichnen Sie zunächst das System grob in der Übersicht und dann für jeden Einstiegspunkt in die Treppe eine eigene Detail-Treppe.

Die Stunde der Kettenmodelle

Bei der operativen Planung übernehmen in modernen Systemen visuelle Ketten-Editoren die Steuerung. Dazu ziehen Sie die einzelnen Maßnahmen in eine Abfolge und verknüpfen aufgerufene URLs, E-Mails etc. in einem Dashboard.

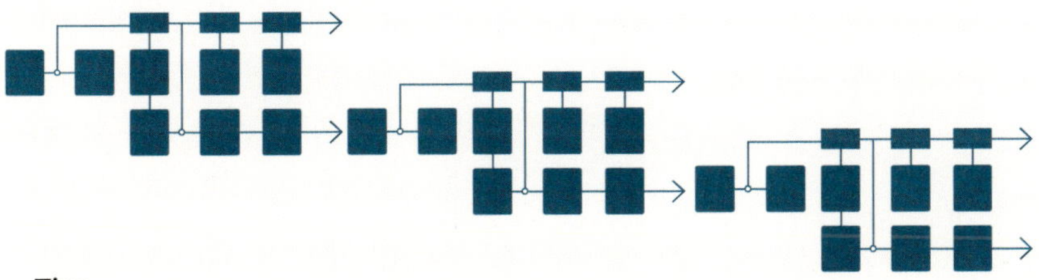

Tipp

Bevor Sie anfangen, Ihre Automatisierung im Detail aufzusetzen, arbeiten Sie gründlich am Modell, bis Sie die Abläufe so einfach wie möglich haben.

Zwei Fragen, die helfen, Ihr Marketing zu klären

Sie haben gesehen, wie Sie mit der Treppe Ihr System modellieren. Hier noch zwei Fragen, die nach unserer Erfahrung große Auswirkungen haben.

Welche Produkte sind stehende Produkte, welche sind zyklisch?

Stehen alle Ihre Produkte sofort käuflich in Reih und Glied in einem Shop? Bei einem stehenden Shop-Sortiment wäre das der Fall. Nicht aber bei einem Winterseminar, das zyklisch (jeden Winter) wiederkehrt.

- Klären Sie, ob Sie mit zyklischem oder stehendem Verkauf arbeiten
- Dies können Sie pro Produkt unterschiedlich gestalten

Unsere Erfahrung: Hochpreisige Angebote verkaufen sich kaum, wenn Sie ohne Kontext und das ganze Jahr über in einem Shop stehen. Ein Zyklus hilft Ihnen, Aufmerksamkeit für das Angebot gezielt aufzubauen.

Wo und wann verkaufen Sie?

Viele Anfänger versuchen, sofort in einem Shop oder über Landing-Pages zu verkaufen, ohne vorher eine Beziehung aufgebaut zu haben. Sie setzen allein auf gekauften Traffic (TAC-Growth / *Traffic Acquisition Cost*). Eine TAC-Growth-Strategie, die auf Sofort-Kauf setzt, ist gefährlich. Denn jeder Interessent, der nicht sofort kauft, ist dann auch sofort ganz verloren!

Die meisten erfolgreichen smarten Konzepte haben mehrstufige Prozesse:

- Sie verkaufen in einem Funnel — oder mehreren Funnels
- Sie verkaufen in einem Newsletter — oder in Kombi Funnel / NL
- Sie verkaufen in einer Community
- Sie verkaufen auf einem Event

Bei mehrstufigen Konzepten ist das Ziel des Lead-Magneten also nicht der sofortige Kauf eines spezifischen Produktes aus der Tragschicht, sondern der Einstieg in eine erste Beziehung. Die Qualität dieser Vorbeziehung hängt von der Art Ihres Themas ab und ist sehr unterschiedlich.

HINTERGRUND Unterschiedliche Sichtweisen

ASZ-Formel® = Aktionen / Stehend / Zyklisch

Ihre Produkte haben im Marketing unterschiedliche Funktionen und entsprechend andere Verkaufs-Psychologien. Ein zyklisches Produkt kann z.B. nur in einem bestimmten Zeitraum (vor-)bestellt werden.

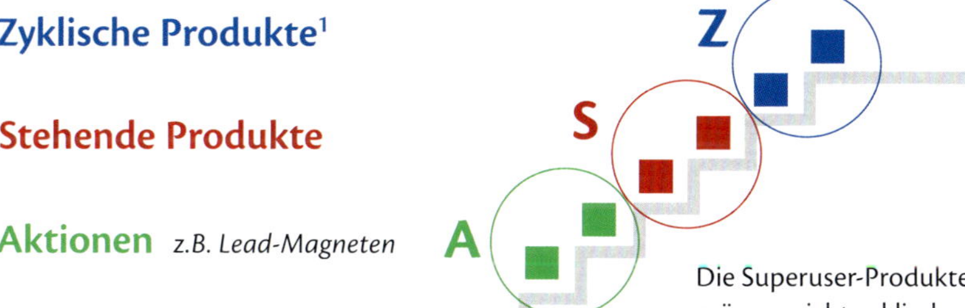

US-amerikanische Szene

In der US-amerikanischen Szene wird oft von einem *Frontend* gesprochen. Das „Frontend" holt die Interessenten in das „Backend". Das Backend ist das eigentliche Kunden-System, in dem der größte Umsatz läuft.

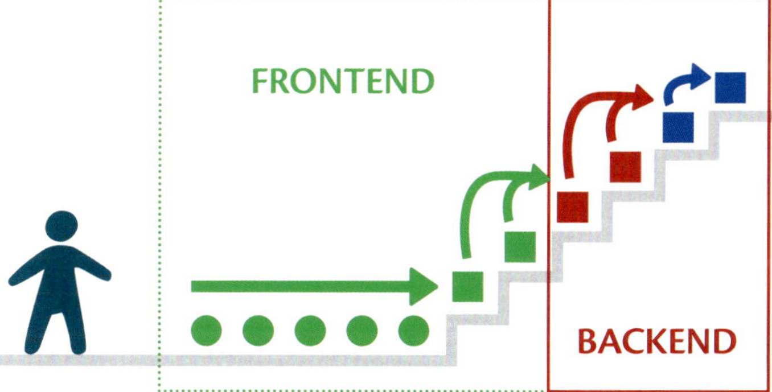

Wir nutzen die Begriffe *Frontend* und *Backend* nicht.[2] Sie können diese Logik aber in der Produkt-Treppe® darstellen: In der Reichweitenschicht holen Sie Interessenten in die Treppe, weiter oben verdienen Sie Ihr Geld.

1 – Die ***ASZ-Formel®*** (Arbeit mit zyklischen Produkten) ist im Marketing Generator erklärt.

2 – Diese Begriffe werden von Programmierern anders benutzt, daher oft missverständlich.

Die Produkt-Treppe® als Rückgrat Ihres Marketing-Systems

Der Unterschied zwischen Produkt-Treppe® und einem Funnel ist geklärt:

- Eine Produkt-Treppe® ordnet Produkte (es ist ein Portfolio-Modell)
- Die Treppe ordnet Ihr Marketing auf einer höheren Ebene
- Sie können pro Produkt einzelne (und mehrere) Funnels entwickeln
- Sie können Ihre Customer Journeys über die ganze Treppe planen

Planen Sie Ihr Haus aus dem Keller heraus

Das Leben ist oft oberflächlich. Wir glauben, dass das, was wir sehen, das Wichtigste ist. Drehen Sie bei Ihrem Marketing einmal die Sicht um: Planen Sie von Ihren Prozessen nach oben.

- Welche Prozesse trauen Sie sich heute zu?
- Mit welcher Komponente können Sie das automatisieren?
- Welche Kundenreisen gibt es auf Ihrer Treppe?
- Welche Produkte sind dafür Meilensteine?
- Wie ist dann die Wegführung?

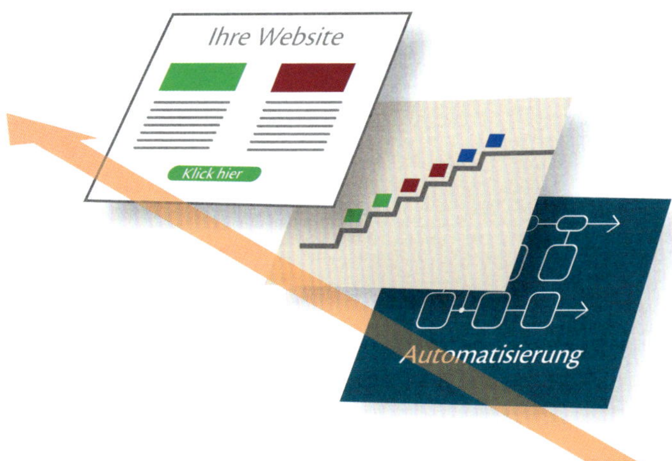

Starten Sie nicht an der Oberfläche. Starten Sie bei der Automatisierung.

Zusammenfassung

Die Treppe ist kein Funnel

- Unterscheiden Sie Ihre Produkt-Treppe® von Ihren Prozessen
- Marketing ordnet Ihre Anfahrtswege zur Treppe
- Sind diese Wege klar, kann auf ihnen dann geworben werden

Unterscheiden Sie direkten Verkauf und mehrstufige Prozesse

- Sofort direkt verkaufen zu wollen, ist oft eine Überforderung
- Überlegen Sie daher genau, wo Sie verkaufen:
- Auf der Website, im Newsletter, in Webinaren, in einer Community ...

Bauen Sie Ihr System langsam auf

- Ein komplexes Marketing-System hat viele Stellschrauben
- Beginnen Sie daher mit ersten, einfachen Funnels
- Erweitern Sie dann langsam mit wachsender Erfahrung Ihr System

Sie sind mit diesem Schritt fertig, wenn Sie dies beantworten können:

Verstehen Sie den Unterschied zwischen Treppe und Funnel?

Wenn nicht, dann dieses Kapitel noch einmal lesen.

Wenn Sie eine erste Visualisierung Ihres Marketing-Systems haben.

1 Grundskizze + eine Treppe pro Entry-Point

06 FERTIG

Zeit für Pause und Notizen

THE CORPORATE SAFEGUARD

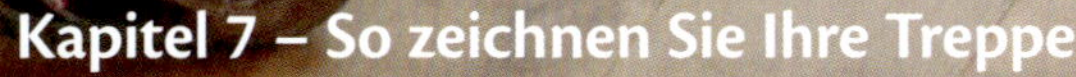

Kapitel 7 – So zeichnen Sie Ihre Treppe

7 Mit der Treppe arbeiten

Von Serviette bis digital

Es ist Zeit, mit der Produkt-Treppe® zu arbeiten. Es gibt verschiedene Wege, Ihre Treppe zu zeichnen. Das Beste daran: Sie brauchen keine Software und können intuitiv arbeiten. Von Bleistift bis digital, Sie haben die Wahl.

Fünf schnelle Wege zu Ihrer Treppe

Die Produkt-Treppe® ist nicht in Beton gegossen. Sie können die Treppe für sich so gebrauchen, wie Sie es brauchen. Das betrifft die Anwendungsfelder: Ursprünglich wurde die Produkt-Treppe® für smarte Konzepte entwickelt. Wenn Sie aber eine andere Aufgabe haben, holen Sie die Treppe raus und setzen Sie sie einfach ein.

Verschiedene Situationen

Die Treppe hilft, aktiver zu denken. Dabei gibt es verschiedene Situationen. Sie sind unterwegs und Ihnen kommt ein Gedanke. Das verlangt nach einer anderen Vorgehensweise, als wenn Sie sich für einige Stunden in eine strategische Klausur zurückgezogen haben.

Hier die Methoden, die wir unterscheiden:

Methode	Was brauchen Sie dazu?	Wann gut?
Notizbuch	Notizbuch, Stift	Gedanken zwischendurch
Skizze DIN A4	Papier, Bleistift, Radiergummi	Erste Rohgedanken
Sticker DIN A4	Papier, Sticker klein, Stift	Systematische Arbeit
Sticker Wand	Wand, Sticker groß, Stift	Systematische Arbeit
Digital	Layoutprogramm, Laptop	Systematische Arbeit
Excel-Tabelle	Tabelle, Laptop	Zahlen überschlagen

Reversible Arbeitsweise – ändern können

Wir selbst sind Fans von Papier, Bleistift und Haftnotizen. Diese Kombi ist sehr schnell und Sie können problemlos Dinge ausradieren und neu gruppieren. Wenn Sie aber lieber mit anderen Stiften scribbeln oder digital arbeiten – tun Sie es.

Richten Sie sich so ein, dass Sie frei für die eigentliche Arbeit sind

Störungsfreies Arbeiten *(Deep Work)* bedeutet auch: Die Materialien zur Hand zu haben, die Sie mögen. Sie wollen ja vorankommen und nicht daran scheitern, dass kein Papier da ist ...

1. Notizbuch – schnelles Kritzeln zwischendurch

Das Notizbuch ist Ihr perfekter und ständiger Begleiter. Entrepreneure sind neugierig und professionelle Gedankensammler. Kreativität beginnt damit, dass Sie beobachten und offen sind für Erkenntnisse. Damit beginnt Ihr Gehirn zu arbeiten – und wirft als Antwort Gedanken und Fragen aus. Diese Impulse kommen oft zu den unmöglichsten Zeiten.

Halten Sie diese fest!

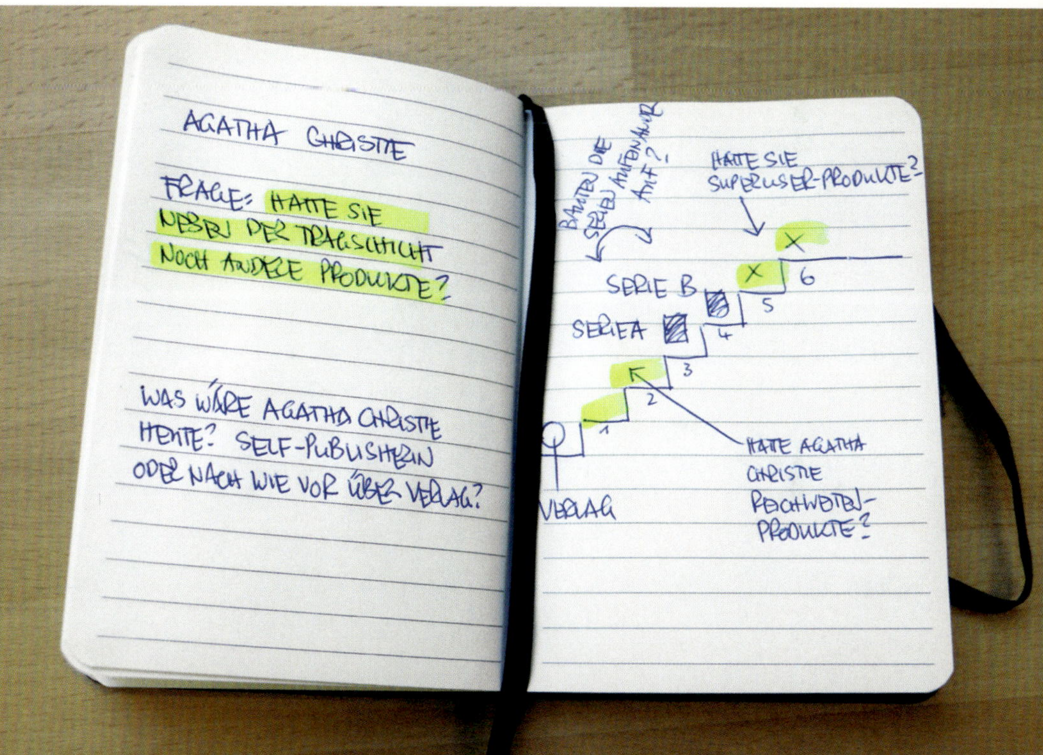

Übung für Ihr Gehirn – offene Fragen visualisieren

Beispiel: Beschäftigt Sie ein historisches Modell *(uns fasziniert z.B. Agatha Christie)*. Oder kommt Ihnen eine Frage in den Kopf? Notieren Sie dies und zeichnen Sie einfach eine Skizze. Das zwingt Ihr Gehirn, über den ersten Impuls hinauszudenken.

Tipp: Liniertes oder kariertes Papier hilft, die Treppe zu zeichnen.

2. Die schnelle Skizze – auf DIN A4

Ein Blatt Papier, ein Bleistift. Die perfekten Werkzeuge, um einmal mit „der Hand“ zu denken. Wir empfehlen ein DIN A4 Blatt. Der Grund: Sie können das nach der Skizze problemlos in einen Ordner heften.

Skizzen dürfen grob sein.

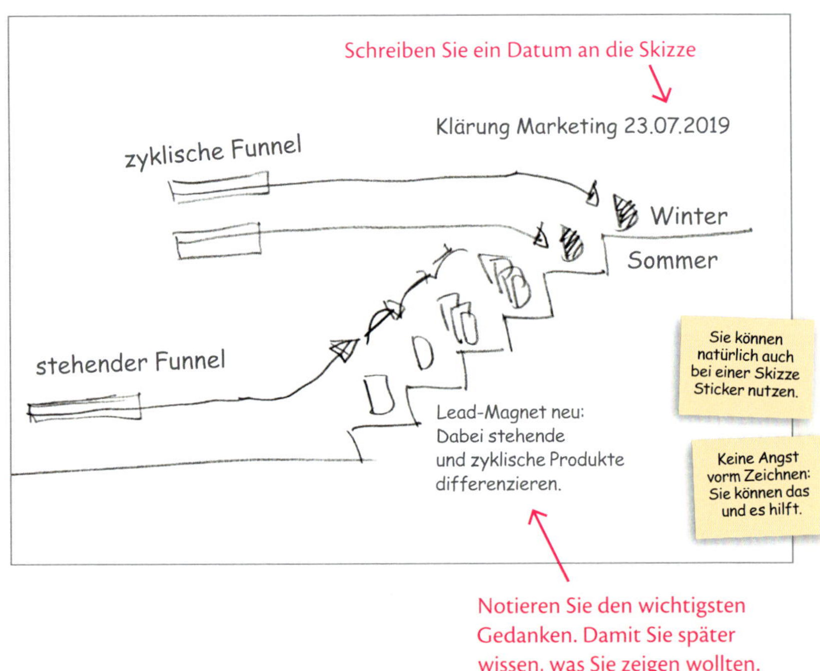

So geht es

- Treppe auf das Blatt zeichnen
- Kurz überlegen, was Sie eigentlich klären wollen
- Dann den ***Ausgangspunkt*** aufzeichnen. Das ist z.B. ein Produkt, bei dem Sie sich sicher sind, dass es gut ankommen würde.
  Oder ein *Entry-Point*, von dem aus eine *Customer Journey* unklar ist
- Dann entwerfen Sie die anderen Dinge darum herum

3. Arbeit mit Haftnotizen – auf DIN A4

Für die eigentliche Arbeit an den Produkten gibt es eine Vorlage, die Sie ausdrucken können. Sie ist für kleine Haftnotizen optimiert. Der Vorteil gegenüber der Skizze: Sie können ausprobieren und schnell ändern.

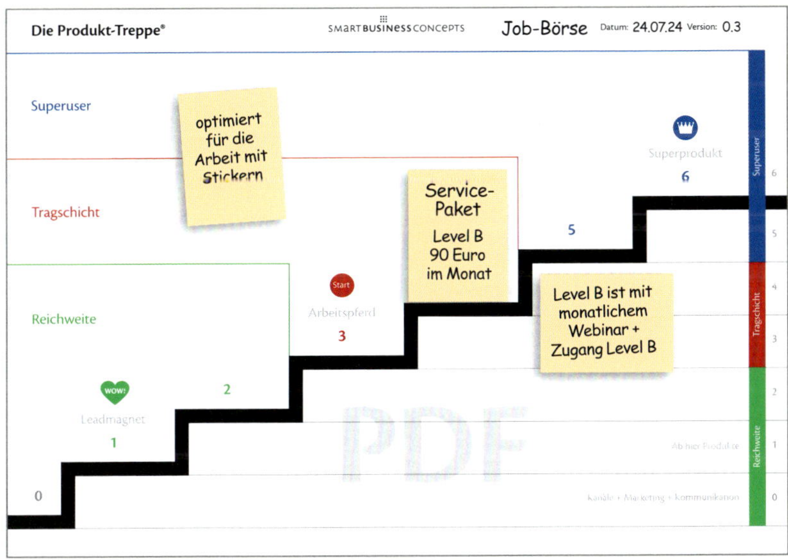

Die Vorlage finden Sie unter *smartbusinessconcepts.de/material*

So geht es

- Wir empfehlen kleine Haftnotizen (38 x 51 mm)
- Gerne in den Farben grün / rot / blau – es geht aber auch mit gelb
- Sie starten auf Stufe 3 – was ist Ihr tragendes Hauptangebot?
- Dann arbeiten Sie die Treppe nach unten und oben durch
- Werden es zu viele Zettel = zu viele Produkte oder Zielgruppen. Lösung: Produkte rauswerfen oder auf zwei Treppen differenzieren.

4. Arbeit mit Haftnotizen – auf glatter Wand

Im Stehen zu arbeiten, ist für viele entspannt. Abstand nehmen – das geht, wenn Sie Ihre Treppe an einer Stehwand entwickeln. Perfekt geeignet: eine *Flipchart*. Das Flipchart-Blatt können Sie dann komplett archivieren oder an anderer Stelle aufhängen. Aber es geht auch jede andere glatte Wand. Von Tür über Metaplanwand bis Whiteboard.

Aktionen + Kanäle können auf eine zweite Flipchart.

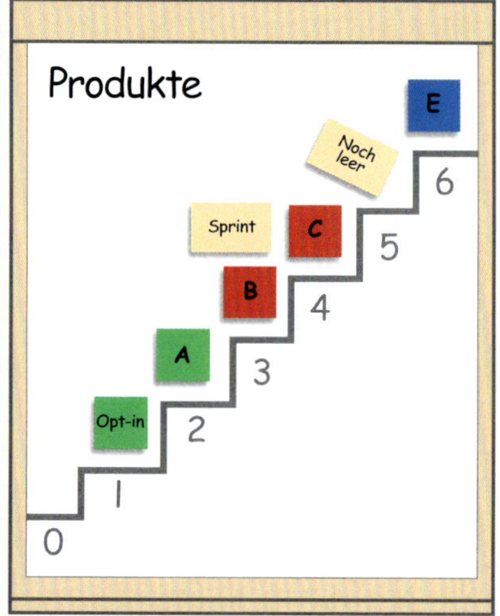

An den Produkten arbeiten: Dazu reicht eine Flipchart.

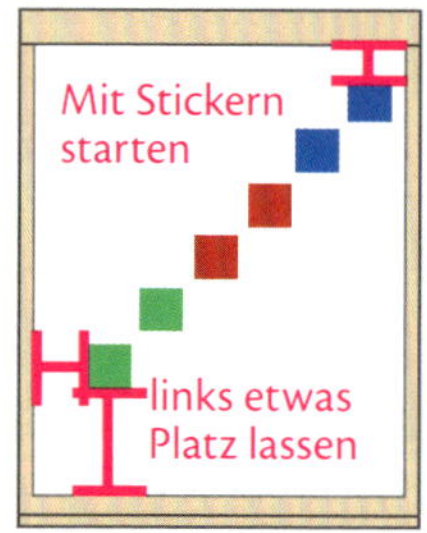

Tipp – Erst die Sticker

Kleben Sie zuerst 6 Sticker. zeichnen Sie dann erst die Treppe darunter. Das spart die Zeit, die Treppe sauber auszuzirkeln.

5. Arbeit mit Power Point – oder anderem Programm

Wer Haftnotizen nicht mag und lieber gleich digital gestaltet, kann dies über das Programm seiner Wahl tun. ***Der Trick:*** Sie laden sich als Hintergrundbild unsere Vorlage ein. Dann können Sie auf einer neuen Ebene alle Notizen und Symbole so einfügen, wie Sie mögen. Vorteil: Sie können Ihren Entwurf bei Neuerungen schnell modifizieren.

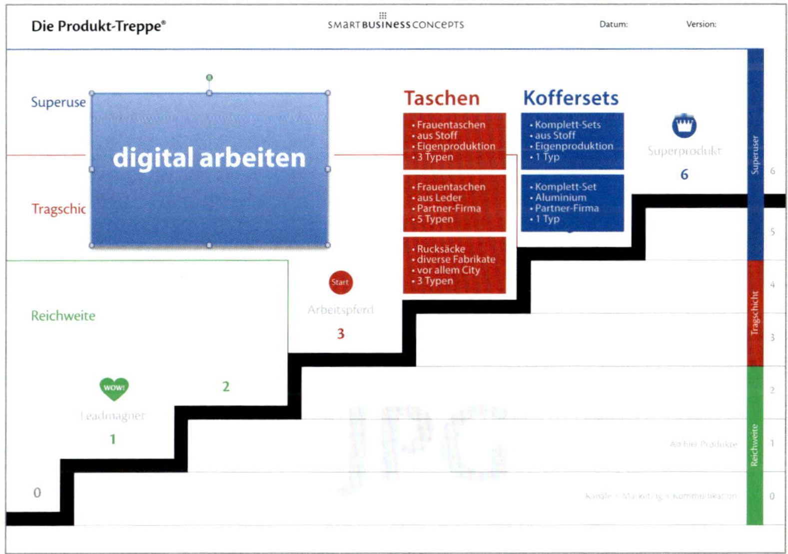

Das Hintergrundbild finden Sie auf *smartbusinessconcepts.de/material*

So geht es

- Neues Dokument im Programm Ihrer Wahl öffnen
- DIN A4 Querformat
- Hintergrundbild unterlegen
- Dann auf Ebenen darüber digital arbeiten
- Vorteil: Sie können Farben, Schriften etc. frei wählen

Der kreativen Ordnung ihren Lauf lassen

Hin und wieder steht uns unsere eigene Ordentlichkeit im Wege, eine neue Ordnung zu entwickeln. Wenn Sie im Fluss sind, nutzen Sie die Klebezettel, wie Sie gerade fallen. Seien Sie nicht zu penibel. Eine Arbeitsfassung Ihrer Produkt-Treppe® darf ruhig die Grenzen sprengen.

Sie können immer noch in einer weiteren Fassung aufräumen und die Struktur dann „ordentlicher" aufbauen. Fast immer passt zu Beginn nicht alles auf einen Klebe-Zettel. In diesem Fall wurde Stufe 2 zur Tragschicht dazugenommen (daher drei Reihen rote Karten). Die neue Basis-Linie schiebt sich unter das bisherige Standard-Angebot.

Einige Tipps zur Arbeit an der Flipchart

Zur Vorbereitung

- Farbige Haftnotizen helfen ungemein
- Ideal sind ***grün, rot, blau*** für die Stufen und gelb für Anmerkungen
- Verschiedene Größen helfen, den Platz optimal zu nutzen
- Farbige Stifte differenzieren zusätzlich
- Idealerweise Keilspitze für fette Schriften, Punktspitze für kleinen Text

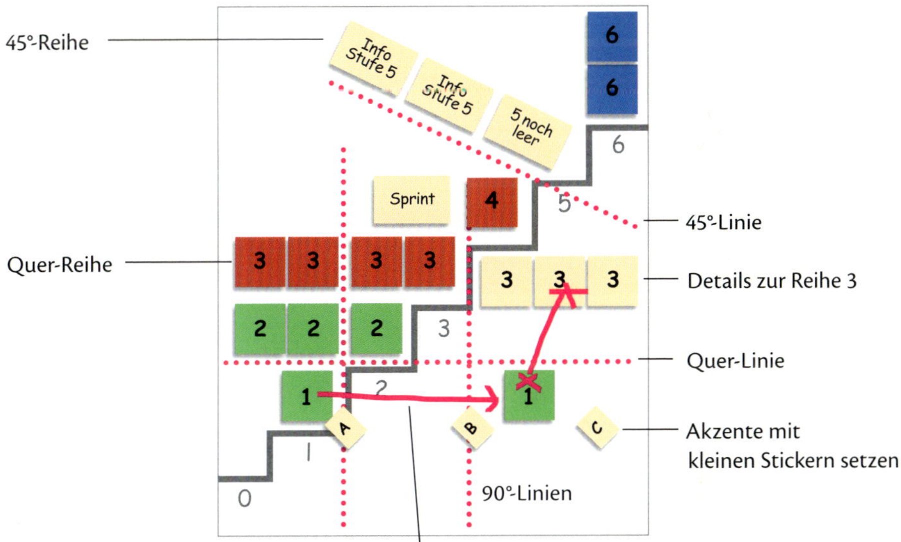

Sie können auch direkt auf der Flipchart zeichnen. Wir raten dazu aber erst, wenn sich die erste Ordnung herauskristallisiert, da Markerstriche permanent sind.

In der Fläche arbeiten

Sie können auf der Treppe schnell mit Reihen arbeiten. Diese lassen sich schnell umgruppieren und ergänzen. Wir empfehlen, die Reihen entweder gerade oder um 45° gedreht anzulegen. Dadurch bleibt eine Ordnung in der Menge der Karten. Fühlen Sie sich frei und entwickeln Sie Ihre eigenen Symbole und Systeme. Linien können weiter strukturieren.

Das Treppen-Arbeitsblatt und die Solo Canvas

um an Ihrem Geschäftskonzept zu arbeiten

Der Begriff „Produkt-Treppe“ und die dazugehörige Abbildung sind als Marken eingetragen und geschützt. Damit Sie damit arbeiten können, haben wir auf unserer Website das Treppen-Arbeitsblatt und einige Grafiken zur Nutzung freigegeben. Sie können diese dort einfach kostenlos downloaden.

Die Arbeitsblätter:

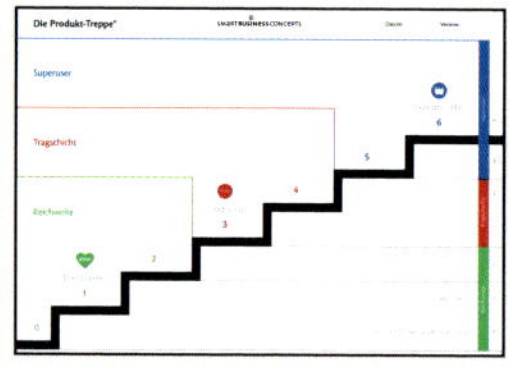

Produkt-Treppe® Arbeitsblatt

Ist optimiert für kleine Haftnotizen. Kann aber auch einfach mit Stift ausgefüllt werden. Das DIN A4 Blatt kann gut abgeheftet werden.

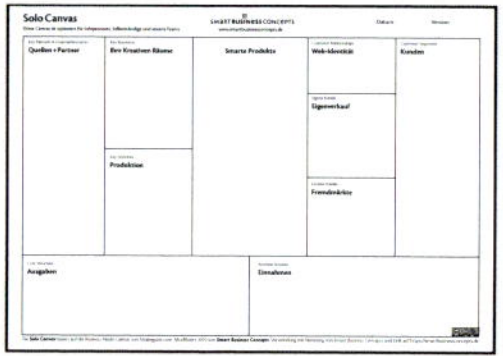

Solo Canvas Arbeitsblatt

Die Canvas kann DIN A4 oder bei Bedarf auch größer ausgedruckt werden.

smartbusinessconcepts.de/material

Senden Sie uns gerne Arbeitsbeispiele

Uns interessiert, wie Sie die Treppe in der Praxis nutzen. Wir freuen uns, wenn Sie uns ein Foto von Ihrem Arbeitsblatt oder Flipchart zusenden.

Sie sind Trainer und wollen mit unserem Material arbeiten?

Melden Sie sich bitte bei uns: *smartbusinessconcepts.de/kontakt*

Grafiken

die Sie in Publikationen verwenden können

Falls Sie die Produkt-Treppe® auf Ihrem Blog, in Workshops oder auch in Publikationen vorstellen wollen, stehen dafür einige Grafiken auf der Internetseite unter „Material“ zur Verfügung. Für diese gilt die Creative-Commons-Lizenz CC **BY ND**. Das bedeutet: Sie können diese Bilder für Ihre eigenen Zwecke verwenden, auch im kommerziellen Kontext, solange Sie als Rechteinhaber *Smart Business Concepts* mit Webverweis (smartbusinessconcepts.de) nennen.

Zwei Beispiele, der dort hinterlegten Bilder:

Bild Produkt-Treppe® mit Zahlen

Auf der Treppe sind die Zahlen zu sehen. Damit die Zählung verstanden wird.

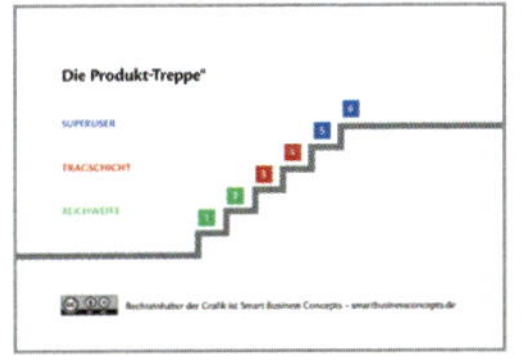

Bild Produkt-Treppe® mit Quadraten

Auf der Treppe sind die farbigen Quadrate, als Symbol für die Produkte.

smartbusinessconcepts.de/material

Die Wortmarke Produkt-Treppe® und Grafik

Der Begriff *„Produkt-Treppe“* ist als Wortmarke eingetragen und kann nur für die ebenfalls geschützte Abbildung der Produkt-Treppe® genutzt werden. Andere Grafiken dürfen nicht *„Produkt-Treppe“* benannt werden. Auch Kombinationen wie z.B. *„Lean-Produkt-Treppe“* o.ä. sind nicht gestattet.

Von der Zeichnung zur Strategie

Steht Ihre Zeichnung, sind Sie einen großen Schritt weiter. Ihre Treppe ist eine Gedankenstütze, die Sie ab jetzt immer hervorholen, wenn Sie an Ihren strategischen Fragen weiterarbeiten.

In der praktischen Anwendung gibt es zwei Phasen:

A – Einarbeitung und erste Aufstellung Ihres Modells

Sie lernen die Produkt-Treppe® kennen und brechen dann eine bestehende oder neue Idee mit der Treppe um. Dabei gilt zunächst die Regel, die wir direkt am Anfang des Buches genannt haben:

Halten Sie die Grundlagen einfach.

Alle schweren Geschäftsfehler, die wir in unserem Leben gemacht haben, waren im Kern Kompliziertheits-Fehler. Wir wollten zu viele Lösungen auf einmal in einem System abbilden *(in einer Software, in einem Produkt-Portfolio, in einem einzigen Jahr ...).* Sie haben eine Idee für einen guten, soliden Anwendungsfall – im Hinterkopf wollen Sie aber doch eigentlich alles und jeden bedienen. Dann bauen Sie Hintertüren ein, verwässern eine klare Kundenansprache, zersägen gute Lösungen, alles wird komplizierter und Sie werden nicht fertig! Das ist nicht smart. Bleiben Sie also gerade in der ersten Runde bei einem klaren, einfachen Modell und versuchen Sie nicht, alle Treppenstufen sofort gleichzeitig zu implementieren.

B – Entwickeln Sie ein konsequentes Verhalten

Steht die Idee und bewähren sich Dinge in den ersten Tests (*Proof of Concept*), dann gehen Sie in eine nächste Runde. Versuchen Sie, über die Grundlagen hinaus den ***strategischen Horizont*** zu sehen. Was sind die wichtigen ***Hebel***, die dafür sorgen, dass sich Ihr Konzept entfaltet? In einer Überfluss-Gesellschaft gibt es bereits viele Angebote. Was ist der Grund, warum andere Ihre Lösung oder Produkte nutzen sollten? Häufig brauchen Sie dazu ein ***„konsequentes Verhalten“***. Sprich: Sie wiederholen ein Muster immer wieder, bis Ihre Idee groß geworden ist. Rechts ein historisches Beispiel eines konsequenten Verhaltens.

FALLBEISPIEL Was ist Ihr konsequentes Verhalten?

Die simple, einfache Strategie einer normalen Frau

Einfach zu denken, wird uns in unserer Gesellschaft nicht beigebracht. Wir analysieren die Feldschlachten der Antike oder büffeln das Atommodell, wissen aber oft banale Dinge nicht. Wie zum Beispiel „Krimi-Autorin“ geht. Wir haben das Beispiel der Krimi-Autorin bewusst hin und wieder genannt, weil es simpel klingt und doch nicht simpel ist. Meist wird ein zielgerichtetes Verhalten aus einer Vision geboren. Aus dieser entwickelt sich dann eine starke Strategie und anschließend ein klares Verhalten.

In unserem Buch „Solopreneur“ haben wir *Agatha Christie* als Fallbeispiel aufgenommen, da sie eine der ersten Frauen war, die über ihr Schreiben wirklich unabhängig wurde. Das war auch ihr Ziel. Sie stammte aus einer Familie, in der das Geld immer knapp war. Das wollte sie nie wieder erleben. Sie wurde eine der ersten Serien-Schriftstellerinnen. Ihre insgesamt 66 Kriminalromane wurden bis heute in Milliardenauflage (!) gedruckt.

Wenn wir die Frage nach dem strategischen Hebel von Agatha Christie stellen, dann ist die Antwort nicht: Sie schrieb einen Krimi. Die Antwort ist auch nicht: Sie schrieb einen bestimmten Stil und war (für ihre Zeit) spannend. Die Antwort ist: Sie schrieb nicht einen Krimi. ***Sie schrieb 66 Stück!***

Ihre Buch-Serien, das Durchhalten, die Zielstrebigkeit waren zusammen der Schlüssel ihres Erfolges. Ist es eine Strategie, 66 Bücher einer Gattung in Serie zu schreiben? Sie können darauf wetten. Es ist eine einfache und erfolgreiche Strategie. Eine Kombination aus Qualität und Quantität.

Heute wird im Business Modelling häufig so getan, als wenn alles innovativ sein muss. Das sehen wir anders. Fragen Sie sich, wie Sie einfache Erfolgsstrategien entwickeln, indem Sie Sachen weglassen und sich auf das Wesentliche konzentrieren. Wie bekommt Ihre Kernlösung in möglichst guter Form Reichweite und Stärke? Sie müssen dafür Klarheit gewinnen. Geld wird nicht der Hebel sein, da die Konzerne dieser Welt im Zweifel mehr Geld und Power haben. 66 Bücher in Serie zu schreiben, ist eine konsequente Strategie. Agatha Christie war eine konsequente Frau.

Was ist Ihr „konsequentes Verhalten“?

Ordnung halten

Dieses Kapitel hat gezeigt, wie Sie Ihre Treppe zeichnen. Doch die Sache hat zwei Seiten. Wer viel skizziert und arbeitet, hat am Ende verschiedene Versionen. Das ist eigentlich der große Vorteil: Sie arbeiten sich schrittweise an mögliche Lösungen heran und treffen bessere Entscheidungen. Das kann aber zum Problem werden. Kreative Persönlichkeiten schaffen zwar viele Entwürfe, gehen dann aber leider oft im eigenen Chaos unter. Da helfen nur zwei Dinge:

- Papierkorb — werfen Sie alte Stände weg
- Ordnung mit System — die relevanten Versionen sauber ordnen

Sie haben kein Office und sind mobil

Digital hilft mobil ungemein, gönnen Sie sich trotzdem Papier. Es ist einfach das schönere Arbeiten. Doch wohin mit den Ergebnissen? Das Smartphone hilft weiter: Fotografieren Sie Ihre Skizzen. Damit entsteht ein kritischer Moment. Wenn Sie sich nicht die Zeit nehmen, diese sauber zu ordnen, gehen Sie irgendwann in der Flut dieser Fotos unter. Löschen Sie überflüssige Aufnahmen. Geben Sie den Bildern sinnvolle Namen und ordnen Sie diese sauber weg. Dafür ist eine Ordnerstruktur auf Ihrem Rechner *(Ihrem Server / Ihrer Cloud)* immer noch der beste Weg.

Sie haben ein (Home-)Office

Dann können Sie sich den Luxus leisten, Dinge aufzuheben. Kästen, Mappen, Ordner, Stehsammler – viele Bürohilfen sind bewährt und keinesfalls hausbacken. Aber übertreiben Sie nicht. Wer schon einmal hunderte von alten Flipchart-Skizzen aussortiert hat, weiß: schlecht weggelegt ist doppelte Arbeit. Werfen Sie also gezielt und regelmäßig weg.

Zwischenstände sind wertvoll

Nehmen Sie sich Zeit, Ihre Ergebnisse zu ordnen, und bleiben Sie gelassen. Wer kreativer und produktiver wird, lernt damit zu leben: Sie erzeugen mehr Daten und Zwischenstände. Diese Daten sind Teil eines wertvollen Prozesses – wie wir im nächsten Kapitel sehen werden.

Zusammenfassung

Verschiedene Situationen, verschiedene Methoden

- Unser Gehirn ist ein launiges Wesen, seien Sie allzeit bereit für eine Skizze
- Für die schnelle Visualisierung eignet sich ein Notizbuch oder ähnliches
- Für systematische Arbeit brauchen Sie aber Zeit, Platz und Material

Wählen Sie eine Methode für Ihre ständige Arbeit

- Skizzen und freie Zeichnungen helfen, erste Gedanken zu verfolgen
- Steht die Struktur, ist ein Wechsel auf andere Formen sinnvoll
- Erarbeiten Sie sich eine „ständige" Treppe, die Sie begleitet

Denken Sie über ein Archiv nach

- Ein Geschäftsmodell wächst mit der Zeit und passt sich an
- Von daher ändern sich auch Ihre Produkt-Treppen
- Vergeben Sie Versions-Nummern und archivieren Sie Ihre Treppen

Sie sind mit diesem Schritt fertig, wenn Sie dies beantworten können:

Können Sie Ihre Lieblingsmethode nennen, wie Sie eine Treppe zeichnen?

Unterscheiden Sie dabei verschiedene Situationen (unterwegs / Office)

Wie legen Sie Ihre Ergebnisse ab? Wo und in welcher Form?

Papier wohin? Dateien wohin?

07 FERTIG

Zeit für Pause und Notizen

doppelt so produktiv sein
wie bisher

8 Agil für Selbstständige

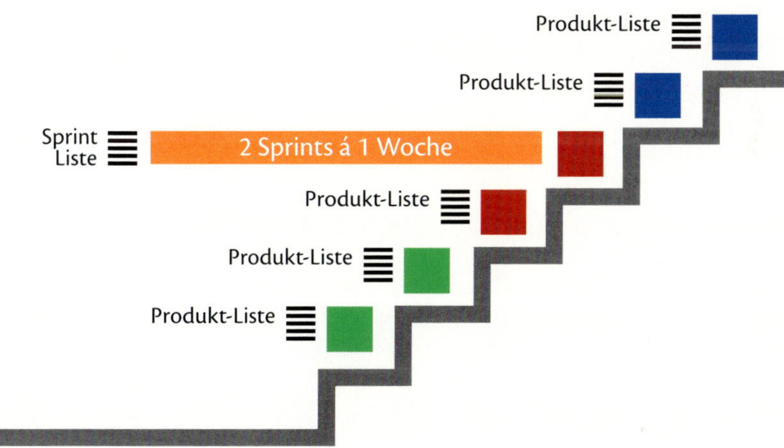

Ein kleiner Leitfaden für agil & smart

Gehen wir noch einen Schritt weiter. Kombinieren Sie Ihre Treppe mit agilen Methoden. Das geht. Häufig wird geglaubt, *„agiles Arbeiten"* wäre nur etwas für Teams, die programmieren. Das ist falsch. *Agilität* ist vor allem eine Haltung, kombiniert mit einem konzentrierten, flexiblen Vorgehen. Aus beiden wachsen neue selbstbestimmte, kreative Arbeitsformen. Wenn Sie das mit Ihrer Produkt-Treppe® kombinieren, kommen Sie damit auf ein ganz neues Level.

So geht agil auch allein

Sie haben die Produkt-Treppe® verstanden. Gehen wir einen Schritt weiter. Viele Selbstständige sind zwar kreativ, aber leben mehr von der Hand in den Mund. Vor kurzem sahen wir einem hochkreativen Solopreneur über die Schulter. Seine Ordnung auf dem eigenen Rechner: Chaos.

Unsere Datei-Ordnung und unsere Routinen haben aber viel mit unserer Produktivität zu tun. Wie behalten Sie den Überblick bei allen Einfällen, Anforderungen und Kundenwünschen? *„Smart"* steht für leichtere Arbeit. Die Arbeit wird nicht leichter, wenn Sie im Chaos versinken.

Wie schaffen Sie es

- nicht nur per Zufall gute Produkte zu entwickeln, sondern ***mit System***?
- die verschiedenen Anforderungen gut ***im Fluss*** zu behalten?
- eine flexible eigene ***Veränderungs-Kultur*** zu installieren?

Damit sind wir beim Thema ***„agil"***. Vielleicht haben Sie sich mit *„Agilität"* schon viel oder auch noch gar nicht beschäftigt. So oder so raten wir, die Produkt-Treppe® ***mit agilen Methoden zu kombinieren***. Dann entfaltet die Produkt-Treppe® noch einmal doppelte Kraft.

Ausflug in die agile Welt mit zwei Schwerpunkten

- Wir stellen Ihnen kurz die für smart relevanten agilen Methoden vor
- Wir zeigen Ihnen, wie Sie diese vereinfacht auf der Treppe anwenden

Dabei gibt es zwei große Unter-Themen:

Wie werden Ihre Produkte besser?
Wir zeigen Ihnen den *Double Diamond* und eine Dateiablage. Damit Ihre Ordnung im Kopf sich auch in Ihren Daten zeigt.

Wie kommen Sie schneller voran?
Mehr in kürzerer Zeit schaffen: Hier zeigen wir Ihnen vor allem, wie Sie gezielt *Sprints* in Ihre Arbeit integrieren.

Methoden

Smart Working

Keine agile Methode, sondern eine Folge der Laptops. Sie können arbeiten, wo Sie wollen. Und: Die Produktions-Tools gehören nicht mehr nur „den Großen". Smarte Konzepte.

- Freiheit des Arbeitsplatzes
- Home-Office
- Nutzung von Komponenten
- Browserorientierte Firma

smartbusinessconcepts.de

Visual Thinking

Denken, indem man seine Gedanken zeichnet und mit Diagrammen illustriert. Hilft Zusammenhänge zu erkennen. Bringt Klarheit in ein Thema. Es wird skizziert, mit Haftnotizen gearbeitet, visuelle Modelle und Symbole verwendet.

- Mit visuellen Modellen arbeiten
- Gedanken plastisch und visuell gestalten
- Mehrdimensional denken
- Schneller auf den Punkt kommen
- Die Produkt-Treppe® ist ein visuelles Modell

Design Thinking

Methode, bessere Ideen zu entwickeln. Drei Schlüsselelemente daraus sind:
1. Multidisziplinäre Teams *(Wir-Intelligenz)*
2. Variable Räume *(fliegender Wechsel)*
3. Design-Thinking-Prozess mit iterativen Schleifen, in denen bestimmte Fragen gestellt und beantwortet werden.

- Erforschung der Sicht des Kunden
- Iterativer Prozess der Qualitätsverbesserung
- Wichtigkeit des Raumwechsels
- Double Diamond

hpi.de/school-of-design-thinking

Lean Startup

Methode, um Produkte kundenorientiert zu entwickeln, indem man einen Prototypen baut, diesen schnell in den Markt bringt *(build)* und dann misst *(measure)* und daraus lernt *(learn)*. Diese Schleife wird immer wiederholt *(build-measure-learn-feedback-loop)*.

- Sich nicht in die Tasche lügen
- Zahlen als wichtiger Treiber der Entwicklung
- Möglichst schnell Prototyp bzw. *MVP*
- Wenn die Zahlen nicht stimmen: Vorsicht

theleanstartup.com

Agile Entwicklung

Seit 2001 benutzter Begriff für eine flexible, wendige, unbürokratische Art Software zu entwickeln. Dieser Denkansatz springt in viele andere Bereiche über. Es gibt eine Reihe von Methoden, die zur agilen Welt gehören. Am bekanntesten: *Scrum* und *Kanban*.

- Flexibles Mindset
- Nicht mehr exakt planen
- Produkt-Entwicklung in Sprints
- Kanban Task Board

Kurze Einführung in die agile Welt

Die agile Welt besteht nicht aus einer Methode. Es sind verschiedene Dinge, die zusammenkommen. Sie können wählen, was Sie wie nutzen. Das „Standard-Set" besteht derzeit grob aus der folgenden Prozesskette:

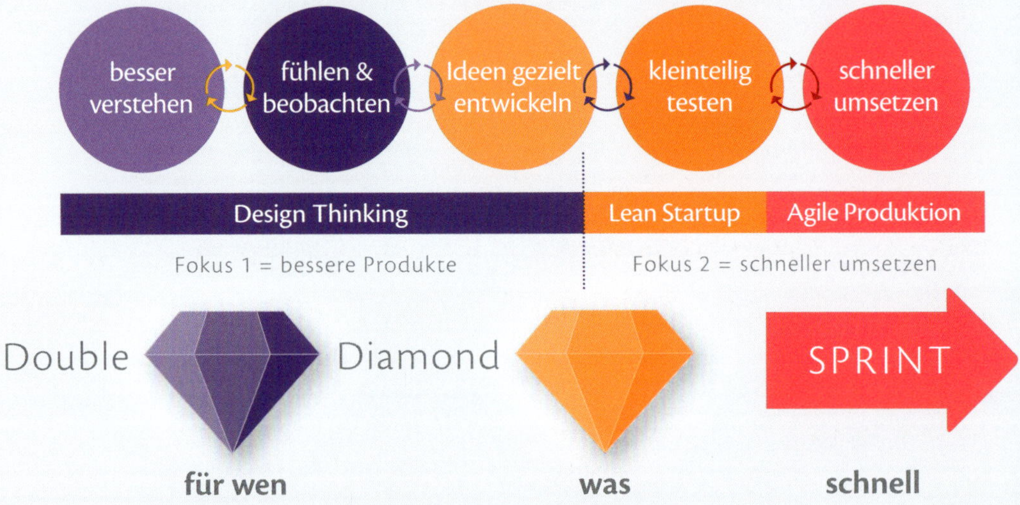

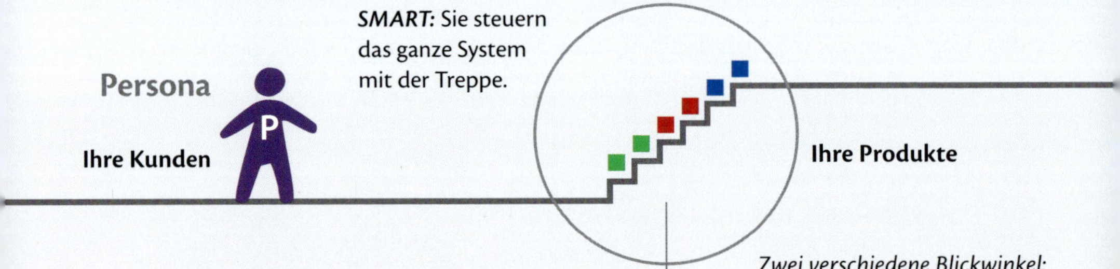

besser verstehen – fühlen & beobachten – Ideen gezielt entwickeln – kleinteilig testen – schneller umsetzen

Design Thinking | Lean Startup | Agile Produktion

Fokus 1 = bessere Produkte

Fokus 2 = schneller umsetzen

Double Diamond

für wen – was – SPRINT schnell

SMART: Sie steuern das ganze System mit der Treppe.

Persona

Ihre Kunden

P

Ihre Produkte

Zwei verschiedene Blickwinkel:

Entwicklung der Treppe = Arbeit an der Gesamtstrategie

Entwicklung eines Produktes = Arbeit am konkreten Produkt

Agile Methoden sind bei Online Start-ups bekannt und werden praktiziert, nicht aber bei Solopreneuren und Smartianern.

Eine agile Erfahrung: Einen Musterkunden pro Anwendungsfall entwickeln (Persona). Das ist konkreter als abstrakte Zielgruppen.

Fokus 1

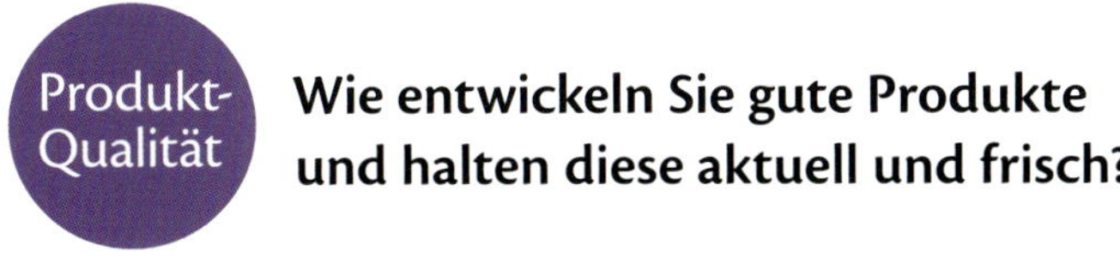

Wie entwickeln Sie gute Produkte und halten diese aktuell und frisch?

Sehen wir es einmal ganz einfach:

Die Produkt-Treppe® strukturiert Ihre Produkte. Ihre Produkte ziehen Ihre Kunden. ***Daher brauchen Sie Produkte mit einer hohen Qualität.*** Genau hier setzt agile Arbeit an. Wie stellen Sie unbürokratisch bestmögliche Produkte für Ihre (echten) Kunden auf die Beine? Da Ihre Produkte smart meist online ausgeliefert werden, gibt es viele Schnittmengen mit der Entwicklung eines Online Start-ups, aber es ist nicht identisch.

Eine erste Lektion aus dem agilen Mindset ist, dass Sie ***nicht bei der Technik beginnen***, sondern bei Ihren Kunden. Je besser Sie wissen, was Ihre Kunden brauchen, um so bessere Produkte können Sie gestalten.

Klingt einfach. Ist es aber nicht. In der Regel holen wir nur unsere erste Idee aus dem Gehirn und nageln daraus ein recht mittelmäßiges Produkt zusammen. Das geht besser. Wie können Sie ein wirkliches Verständnis dafür bekommen, was Ihre Kunden wollen? Software-Entwicklern ging es zunächst vor allem um die Einfachheit der Nutzerführung. Heute geht es bei agil um ganz grundlegende Fragen: ***Verstehen Sie überhaupt, was den anderen wichtig ist?*** Oder sind Sie gerade in Ihre eigene Idee verliebt?

Agiler Turbo 1 = Erforschen Sie, was Ihre Kunden brauchen

Ihnen wird links aufgefallen sein: Das bessere Verstehen und Einfühlen in die Kunden sind ein mächtiger Block im agilen Mindset. Oft ist nur der hintere Bereich (der Sprint) als „agil" bekannt. Wir ermutigen Sie, sich tatsächlich mit Ihren Kunden zu beschäftigen. Das kostet am Anfang Zeit, aber Sie werden auf lange Sicht bessere Ergebnisse erzielen.

Und bessere Ergebnisse machen den Unterschied.

Der Double Diamond bei der Produkt-Neuentwicklung

Wer Zeit sparen will, ist zu Beginn gründlich.

Die Arbeit mit dem *Double Diamond* ist eine Methode aus dem *Design Thinking* für die Entwicklung ***neuer Formate.*** Besonders ist das doppelte Öffnen und Schließen des Raums der Möglichkeiten:

Verstehen Sie erst das Problem ...

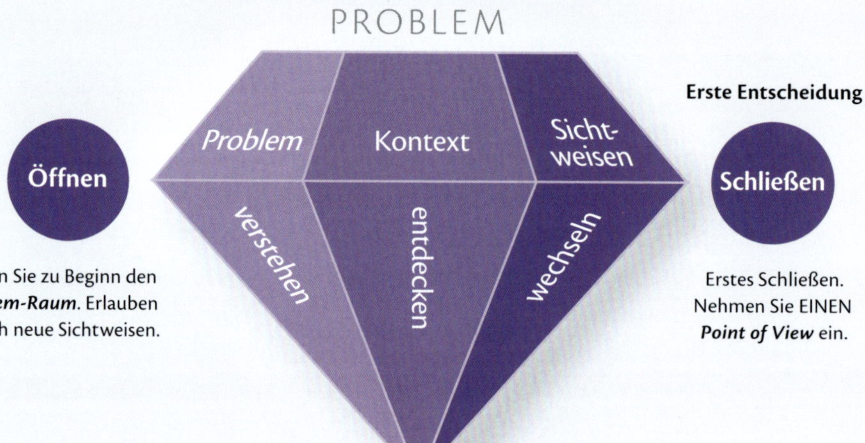

Öffnen Sie zu Beginn den ***Problem-Raum***. Erlauben Sie sich neue Sichtweisen.

Erstes Schließen. Nehmen Sie EINEN ***Point of View*** ein.

Understand

Verstehen Sie die Situation in Ihrem Kopf. Erlangen Sie ein tiefes Verständnis der Aufgabe. Was ist eigentlich das Problem?

Methoden

Klassische Recherche.
Gespräche mit Betroffenen.
Kopfarbeit. Notizen.
Sammlung Daten & Fakten.
Gliederung.

Explore

Lassen Sie Neues zu. Beobachten Sie Ihre Kunden im echten Leben. Verlassen Sie Ihren Standpunkt. Was sind die wirklichen Pain Points?

Methoden

Beobachtung.
Personas definieren.
Persona Canvas.
Empathy Map.
User Story.

Reframe

Erste Entscheidungen. Was soll genau gelöst werden? Legen Sie verschiedene Sichtweisen durch das Problem. Das Problem tauschen.

Methoden

Reframing.
Alte Annahmen durch neue Fragestellungen ersetzen.
Was wäre, wenn die erste These gar nicht stimmt?

Ergebnis

Kunden-Steckbrief

Version 1.0

Kann eine Persona enthalten.
Oder einfach die Merkmale Ihrer Kunden.

Der Double Diamond kann genutzt werden für das Aufstellen einer Persona, die Neuentwicklung einer ganzen Treppe oder die Neuentwicklung eines einzelnen Produkts. Wenn Sie ein bestehendes Produkt weiterentwickeln, brauchen Sie in der Regel nicht den ganzen Prozess neu durchzugehen.

... bevor Sie etwas Neues gezielt entwickeln

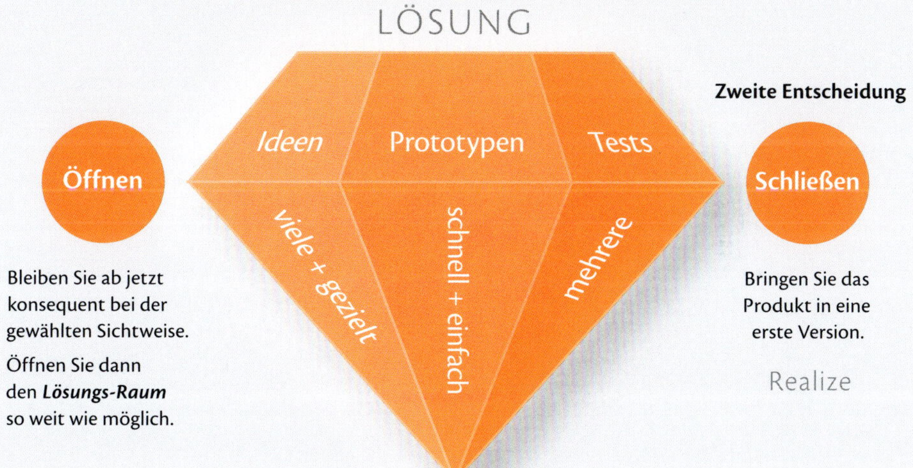

Ideate

Sammeln Sie viele Lösungen für den gewählten *Point of View*, nicht nur eine. Beginnen Sie erst dann zu sortieren und Lösungen zu favorisieren.

Methoden

Brainstorming.
Sammeln mit Stickern.
Skizzen. Alle Kreativitäts-Methoden, die Ihnen helfen, Ideen zu entwickeln.

Prototype

Gehen Sie sehr schnell ins erste Ausprobieren. Mit einfachen kleinen Prototypen (MVP). Keep it simple. Fail fast. Iterate quickly.

Methoden

Einfache, zusammengeklebte Prototypen als Erstansicht.

Mockups. Storyboards. Modelle. Prototypen etc.

Test

Short Cycle Testing, um Probleme zu entdecken und zu verbessern. Geht nahtlos in *Lean Startup* über.

Methoden

Alle Formen von Tests: Test-Workshop, Test-Verkauf, Technik-Test, Test-Webinar etc. Lean Startup.

Ergebnis

Produkt-Liste

Version 1.0

Was bedeutet der Double Diamond in der Praxis?

Damit das Ganze nicht zu abstrakt wird, sehen wir uns einmal kurz an, wie Sie Ihre Ergebnisse in Ihrer Dateiablage ordnen. Das hilft zu verstehen, was am Ende dabei herauskommen kann. Und immer ruhig Blut: Es muss am Anfang nicht alles da sein. Lieber ein kurzer Kunden-Steckbrief als gar keiner. Beginnen können Sie mit drei Dokumenten in einem Ordner:

Ihre agilen Files

Dokumenten-Typen

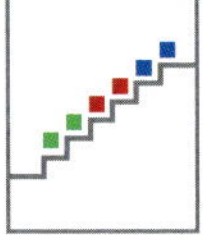

Produkt-Treppe
Version 1.0

Fotos von Flipchart / Arbeitsblatt oder später meistens eine Excel-Tabelle. Es kann eine Haupt-Treppe und Neben-Treppen geben. Tipp: Nicht mehr als 3.

Kunden-Steckbrief
Version 1.0

Alle Informationen über die Anwender. Kunden-Steckbrief + User Story. Wichtiger Bestandteil: Was sind die Probleme (der Bedarf)? Point of View.

Produkt-Liste
Version 1.0

Was soll alles in das Produkt hinein?

- Bei Content-Produkten eine Gliederung
- Bei anderen Produkten die Funktionen

Was ist *must be*? Was ist *nice to have*?

Mit Arbeitsfortschritt differenzieren Sie in Versionen:

Kunden

Kunden für Produkt 1
Version 1.0

Kunden für Produkt 1
Version 1.1

Kunden für Produkt 1
Version 2.0

Versionierung

In den Ordnern liegen Ihre Dokumente nach Versionen. Ändert sich die Treppe, ein Kunden-Steckbrief oder eine Produkt-Liste, wird hochgezählt.

Eine volle Zählung wie 2.0 oder 3.0 kennzeichnet jeweils einen markanten Sprung. Also eine wichtige Änderung.

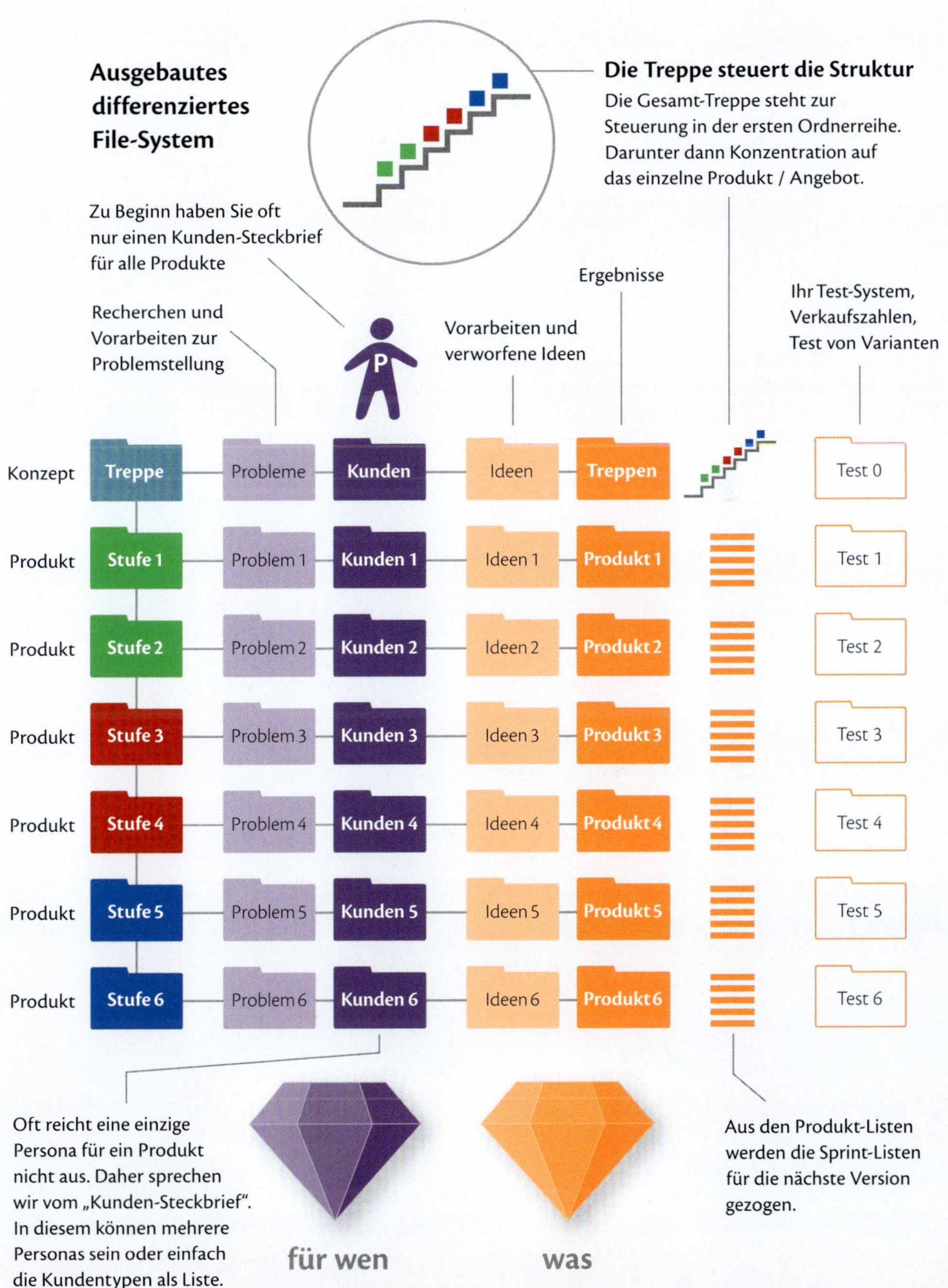

Ausgebautes differenziertes File-System
Die Treppe steuert die Struktur
Die Gesamt-Treppe steht zur Steuerung in der ersten Ordnerreihe. Darunter dann Konzentration auf das einzelne Produkt / Angebot.
Zu Beginn haben Sie oft nur einen Kunden-Steckbrief für alle Produkte
Recherchen und Vorarbeiten zur Problemstellung
P
Vorarbeiten und verworfene Ideen
Ergebnisse
Ihr Test-System, Verkaufszahlen, Test von Varianten
Konzept
Treppe
Probleme
Kunden
Ideen
Treppen
Test 0
Produkt
Stufe 1
Problem 1
Kunden 1
Ideen 1
Produkt 1
Test 1
Produkt
Stufe 2
Problem 2
Kunden 2
Ideen 2
Produkt 2
Test 2
Produkt
Stufe 3
Problem 3
Kunden 3
Ideen 3
Produkt 3
Test 3
Produkt
Stufe 4
Problem 4
Kunden 4
Ideen 4
Produkt 4
Test 4
Produkt
Stufe 5
Problem 5
Kunden 5
Ideen 5
Produkt 5
Test 5
Produkt
Stufe 6
Problem 6
Kunden 6
Ideen 6
Produkt 6
Test 6
Oft reicht eine einzige Persona für ein Produkt nicht aus. Daher sprechen wir vom „Kunden-Steckbrief". In diesem können mehrere Personas sein oder einfach die Kundentypen als Liste.
für wen
was
Aus den Produkt-Listen werden die Sprint-Listen für die nächste Version gezogen.

Zusammenfassung Grundlagen

Die erste Hälfte Ihres agilen Systems haben Sie stehen, wenn Sie:

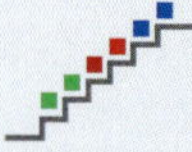

Ihre Produkt-Treppe® vor Augen haben

- Das ist das Big Picture, wohin Sie wollen
- Wie Sie Ihre Produkt-Treppe® aufstellen, davon handelt das ganze Buch, deshalb hier dazu keine weiteren Details

Ihre Kundenwünsche besser kennen – Kunden-Steckbriefe

- Haben Sie Klarheit, welches Problem Sie im Produkt lösen?
- Ihre Kunden stärker beobachten und das auch festhalten
- Daraus mindestens einen Kunden-Steckbrief erstellen
- Besser noch: Für jedes Produkt eine spezifischen Steckbrief vorhalten
- Im Kunden-Steckbrief auch festhalten, welche spezifische Sichtweise des Kunden (*Point of View*) für Ihr Produkt entscheidend ist

Ihre Produkt-Merkmale besser erfassen – Produkt-Listen

- Erfassen Sie besser, was Ihr Produkt können soll
- Sie haben besser ausprobiert, wie es funktioniert
- Sie sammeln systematisch, warum was zu Ihrem Produkt gehört
- Das ist im Prinzip Ihr *Backlog*, dazu mehr auf der nächsten Seite

Ihre Dateien mit Struktur ablegen – Dateiablage gemäß Treppe

- Sie sammeln Ihre ganzen Dokumente und Ergebnisse systematisch
- So dass Sie über Jahre hinweg konsistent weiterarbeiten können
- Sie fangen nicht immer wieder bei null an, sondern lernen aus allen Prototypen, Tests und Rückmeldungen Ihrer Kunden

Damit sind Sie sehr gut vorbereitet, um den aktiveren Teil des agilen Mindsets kennenzulernen: Pragmatische Umsetzung ohne Ablenkung.

Fokus 2

Gezielt schneller arbeiten und dabei eine Kosten- bzw. Arbeitsexplosion vermeiden

Sie wissen nun besser, wie Ihre Produkte aussehen sollen. Kommen wir zum zweiten agilen Thema: Wie bekommen Sie Ihre Produkte möglichst zügig auf die Straße, OHNE sich dabei totzuarbeiten?

Die Lösung ist:

- planen Sie nicht alles bis zum letzten Punkt
- arbeiten Sie in kurzen Sprints von Version zu Version
- dadurch können Sie schnell testen, ob etwas ankommt
- und Sie kommen in den Sprints in einen Kreativitäts-Flow

Das hat zwei große Vorteile:

A – Sie minimieren das Risiko, dass Sie viel Arbeit vor die Wand setzen.

B – Sie sind im Sprint viel produktiver, als wenn Sie häppchenweise mal da und dort an Ihrem neuen Produkt arbeiten.

Agiler Turbo 2 = Arbeiten Sie konzentriert in Sprints

Die zweite Lektion (und das ist genial an der agilen Arbeitsweise) ist die realistische Einschätzung, was Sie überhaupt leisten können. Sie können NICHT alles schaffen. Deshalb werden Sie auch nicht sofort alle Wünsche Ihrer Kunden umsetzen!

Sie gehen nicht alle Punkte Ihrer Produkt-Liste in einer einzigen großen Kraftanstrengung an, sondern teilen das in Etappen auf. Sie fangen klein an. Die einzelnen Etappen setzen Sie aber schnell und fokussiert um. Eine solche Etappe nennen Sie ab jetzt einen ***Produkt-Sprint***.

Sehen wir uns auf den nächsten Seiten an, wie das im Detail geht.

Wie Sie Ihr Wissen systematisch frisch halten

In agilen Teams wird mit einem sog. ***Backlog*** gearbeitet. Das ist ein Speicher, in dem alle Aufgaben *(Tasks)* hineinlaufen, die in Zukunft am Produkt (z.B. einer Software) umgesetzt werden sollen. Vor einem Sprint zieht ein Team aus diesem *Backlog* die Punkte heraus, die im nächsten Sprint schaffbar sind, das sog. *Sprint Backlog*. Smart machen wir das im Prinzip genauso, wir haben nennen das nur einfacher: ***Produkt-Liste***.

Das ist die *Produkt-Liste*.

Produkt-Merkmale
Qualität des Produkts
Format, Umfang etc.

Wir finden, dass für die smarte Arbeit ein Dokument mit den wichtigsten Stichpunkten besser zu handhaben ist als eine große Wand mit vielen Zetteln. Das ist aber Geschmackssache.

In der Produkt-Liste haben Sie zwei verschiedene Einträge:

- Punkte – ***bereits implementiert*** — alles, was bereits da ist
- Punkte – ***vom Kunden gewünscht*** — Korrektur oder neue Features

Immer wenn Sie bei Tests oder durch Kundenfragen neue Details lernen, tragen Sie diese in die Produkt-Liste ein. Am besten mit Quelle: *Wer hat was wann gesagt und wie hochwertig ist diese Äußerung?* Auch eigene Ideen / Gedanken werden dort fortgeschrieben. Somit haben Sie für Ihr Produkt einen ***Wissensspeicher***, der ständig aktuell ist.

Damit sind die Dinge aber noch nicht im Produkt. Häufig frustrierend: Die eigenen Ideen und Wünsche der Kunden stapeln sich und es fehlt Zeit und Kraft, dies immer im Produkt nachzuziehen. Hier bitte Gelassenheit: Sie schaffen so viel Sie schaffen. Sie helfen sich nicht, wenn Sie sich stressen – aber Sie helfen sich, wenn Sie zügig und kompakt in Sprints arbeiten.

Vorbereitung eines Solo-Sprints

Sie wählen in der *Produkt-Liste*, was Sie umsetzen wollen und wandeln diese Punkte in Tasks.

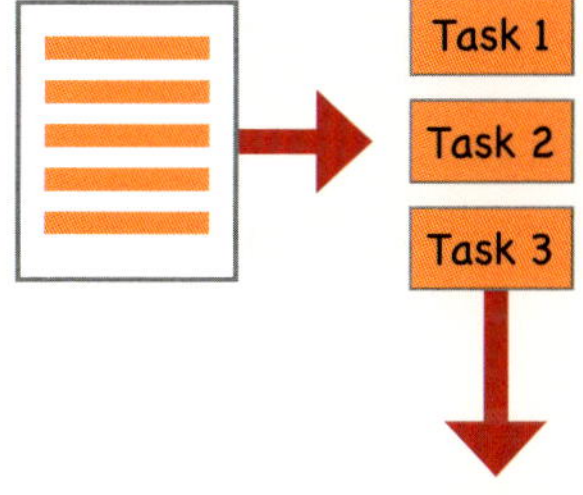

Das kleinste Atom Ihres agilen Werkzeugkastens ist die einzelne Aufgabe. Halten Sie es einfach: Schreiben Sie die Aufgabe auf einen Zettel und heften Sie diesen an eine Wand in Ihre ***Sprint-Liste***. Sie können Ihr ***Board*** auch digital führen (z.B. mit *Trello* oder *Asana*). Wichtig ist nur: Kein langer Fließtext, kurze Stichworte, das reicht. Mit der Zeit bekommen Sie ein Gefühl, wie kleinteilig Ihre Tasks sein dürfen, damit Sie auf dem Board den Überblick behalten.

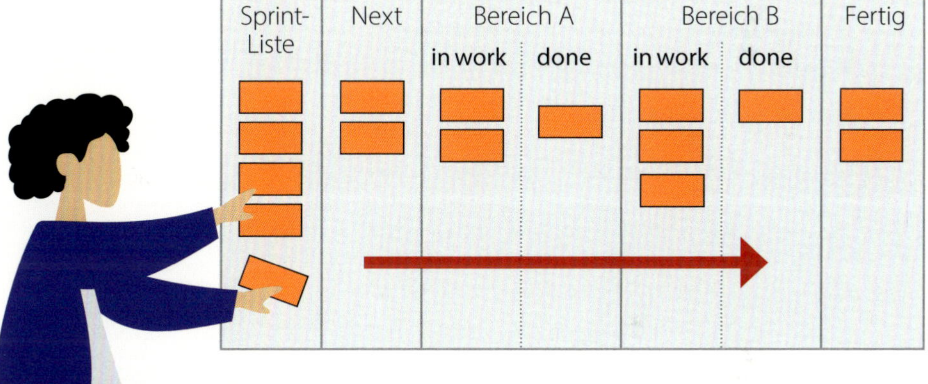

Kanban Task Board

Schafft Überblick, was Sie sich für die nächste Etappe vornehmen.

Im Kern sind es ***drei Spalten***:

- Aufgaben ***wartend***
- Aufgaben ***in Arbeit***
- Aufgaben ***erledigt***

Die Benennung der Spalten wird sehr verschieden gehandhabt. Wie viele Spalten Ihr Task Board hat, bestimmen Sie. Das Schöne an diesem Board: Sie können nach Lust und Laune arbeiten. Sie nehmen sich am aktuellen Tag den Zettel vor, auf den Sie gerade Lust haben. Am Ende sollte alles auf „Fertig" stehen. Aber bis dahin: Feel free!

Der Sprint – Ihr Produktivitäts-Turbo

Der Scrum-Sprint für Projekt-Teams

Scrum ist eine agile Methode, in der Teams in *Sprints* sehr eng zusammen arbeiten. Ein Sprint startet mit einem Meeting, bei dem man sich zusammen ein *Sprint-Ziel* steckt. Ab dann wird sehr frei gearbeitet, aber täglich über ein *Stand-up Meeting* Augenkontakt gehalten. So kann ständig flexibel auf Probleme und Ideen reagiert werden. Ziel ist es, am Sprintende etwas fertig zu haben, das real verwendet werden kann. Dieses Ergebnis wird in einem *Review* „besichtigt" und dann möglichst sofort genutzt.

Ein agiles Team ist auf der einen Seite sehr frei. Auf der anderen Seite reflektiert die Gruppe gründlich, was am Prozess gut (oder auch schlecht) lief. Es gilt: Ständig zu lernen. Diese *Retrospektiven* sind solo nicht ganz so einfach darzustellen.

Der Solo-Sprint für Smartianer

Wenn wir in einem ***Klausur-Sprint*** sind, mögen wir es persönlich, das Wochenende durchzuziehen. Wir bleiben dann im Thema. Das ist aber kein Zwang. Mehr als 10 Tage solo am Stück zu sprinten, halten wir für anstrengend. Dann lieber zwei 7 Tage-Sprints in einem Monat oder ähnlich. Im Sprint konzentrieren wir uns komplett auf das Produkt. Bei uns ist das in der Regel ein Buch oder ein Kurs.

CHECKLISTE Wie Sie den Scrum-Sprint smart anpassen

So sprinten Sie smart allein

Agile Methoden entstanden ***in der Projekt-Teamarbeit.*** Sie wurden für und in Gruppen entwickelt. Daher passt solo nicht alles. Ihr großer ***Vorteil***, wenn Sie smart arbeiten: Sie haben viele Probleme gar nicht, da Sie sich nicht mit einer Gruppe abstimmen müssen. Ihr ***Nachteil***: Ihnen fehlt das Korrektiv und die Motivation der Gruppe, wenn Sie steckenbleiben (aber keine Sorge, hier hilft Lockerheit und ein gutes Netzwerk).

So geht ein Solo-Sprint

Arbeiten Sie smart, haben Sie in der Regel kein Team für den Sprint. Sie arbeiten lange Strecken allein am Produkt. Trotzdem macht es Sinn, die Systematik eines Sprints für sich allein einzuhalten. Der Grund:

Ein Sprint gibt Ihnen einen starken Halt für den eigenen Flow

- ***Planen*** Sie den Sprint am Anfang gründlich
- Dazu erstellen Sie einen gut aufgeräumten ***Sprint-Backlog***
- Teilen Sie dazu die Liste in einzelne ***Tasks*** und stellen Sie diese auf Ihr ***Task Board.*** Dies kann digital sein (z.B. Trello oder Asana) oder via Stickern auf einer glatten Wand oder einer glatten Pappe etc.
- Beginnen Sie den Tag mit einem kurzen ***Solo Standup Meeting***, um den Kopf klar zu behalten und nicht einfach in Arbeitsmonotonie zu verfallen. Reflektieren Sie, wo Sie stehen. Wir haben inzwischen dafür Steharbeitsplätze im Home-Office. Das ist klasse.
- Eine spannende Frage ist, wer Ihre Review-Partner werden können. Wer kann sich Ihre Ergebnisse ansehen und gutes Feedback geben? Wenn Sie eine Mastermind Gruppe haben: Das ist der Moment, wo Sie fragen können.
- ***Freigabe:*** Sie geben sich selbst frei, da Sie selbst der *Product Owner* sind. Entwickeln Sie eine Checkliste, was Sie streng prüfen, bevor Ihr Produkt in die Öffentlichkeit geht. Sie sind allein betriebsblind!

Sie können so fast alle Elemente eines Sprints übernehmen. Wir halten uns dabei nicht sklavisch an den Ablauf. Was wir aber sehr ernst nehmen: ***In einem Sprint schalten wir Störungen aus.*** Das Produkt ist der Hero.

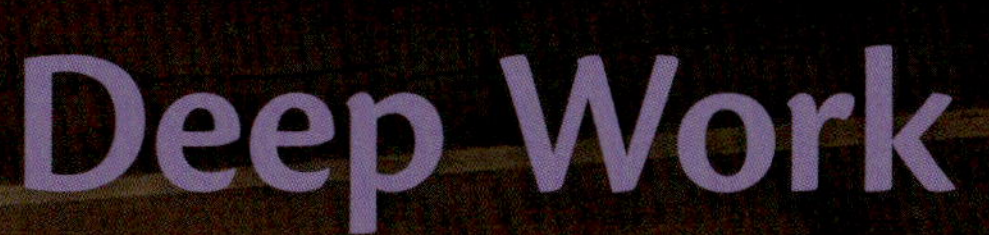

Deep Work

Wir selbst sprinten bei der Produktion unserer Produkte. Seien es Bücher oder Kurse. Meist in unserem Home-Office. Gerne gehen wir dazu auch an einem „besonderen Ort“ richtig in Klausur.

Der Strand 5 Minuten vom Haus entfernt

Sprint an fremden Orten

Eine Stärke des Sprints ist der Ausschluss von Störgrößen. Hier bei uns in einer leeren Ferienhaus-Siedlung außerhalb der Saison. 10 Tage allein intensive Arbeit. Die fremde Umgebung zwingt zur Konzentration und entspannt.

Von zwei Jahren Produktionszeit auf zwei Wochen

Dass Sprints die Produktivität wirklich erhöhen, ist nicht nur unsere Erfahrung. Hier ein Erfahrungsbericht von Jannis Riebschläger:

Über 2 Jahre Produktionszeit für den ersten Online-Kurs

An meinem ersten, eigenen Online-Kurs habe ich ***fast zweieinhalb Jahre*** *gearbeitet und war mit dem Ergebnis trotzdem nicht 100%ig zufrieden. Ich wollte ihn unterwegs während meiner Reisen produzieren und jedes Video an einem anderen Ort drehen. Als der Kurs dann endlich online war, lief er sehr gut, aber ich war nicht unbedingt sofort motiviert, mich wieder vor die Kamera zu stellen.*

Erste Optimierung – 15 Kurse in 15 kompakten Drehs

Daher produzierte ich 2018 zunächst 15 Online-Kurse für verschiedene Experten, bei denen wir uns jeweils für ein bis zwei Tage am Stück trafen und am Stück drehten. Das Editing zog ich anschließend in max. 2 Wochen durch. Im Prinzip waren dies schon Sprints. Diese Produktionen fanden alle 2018 statt. 15 Produktionen brauchten also weniger Zeit als vorher eine einzige. In den Pausen dazwischen ging ich meinem Tagesgeschäft nach.

Das Muster nicht sofort erkannt

Dass mir die Kursproduktionen nun so gut von der Hand gingen, führte ich zunächst ausschließlich auf meine zusätzliche Erfahrung und die Tatsache, dass ich selbst nicht vor der Kamera stand, zurück – und sah nicht, dass die höhere Produktivität vor allem auf die Sprints zurückzuführen war.

Der Trick sind die Sprints

Eines Besseren wurde ich belehrt, als ich Ende 2018 beschloss, wieder komplett einen neuen, eigenen Kurs zu produzieren. Die erste Woche dafür war ich in Brasilien, in einem kleinen Haus, direkt am Strand. Dort arbeitete ich intensiv nur am neuen Kurs und in dieser Zeit entstanden 50% des Kurses. Mein Smartphone war die ganze Zeit im Flugmodus, mein E-Mail Postfach habe ich nicht angerührt, um wirklich fokussiert zu bleiben. Unterbrochen habe ich meine Arbeit nur für intensive Erholungspausen am Strand.

Krasser Unterschied durch Unterbrechungen

Dann stand ein Dreh für einen Reiseanbieter im brasilianischen Regenwald in der Nähe von Manaus an. Ich freute mich auf den spannenden Dreh. Da die Produktionen nicht den ganzen Tag einnahmen, dachte ich, ich könne die Gelegenheit nutzen, um am Abend noch ein paar abenteuerliche Lektionen im Regenwald zu drehen, doch irgendwie bin ich nicht wirklich in den Prozess gekommen ***und habe in der ganzen Woche keine einzige Lektion gedreht, da immer wieder Ablenkungen, Anrufe und E-Mails reinkamen*** *und ich den Großteil der Zeit, die ich in das Projekt stecken wollte, damit verbrachte, zu überlegen, wo ich stehengeblieben war.*

Zum zweiten Sprint gezwungen

Am letzten Tag der Produktion wollte ich den Flieger nach Rio nehmen, wo ich einige Kunden treffen wollte. Ich kann von Glück sagen, dass ich (zunächst erschrocken) feststellen musste, dass so kurz vor Weihnachten die Flieger für die gesamte Woche ausgebucht waren. Ich hing also eine ganze Woche in Manaus fest und hatte nicht wirklich etwas zu tun, außer den ganzen Tag am Kurs zu arbeiten. Dies tat ich jedoch nicht im Regenwald, sondern in meinem komfortablen Hotelzimmer. Wenn meine Aufmerksamkeit erschöpft war, war mein Fokus nach einem kurzen Spaziergang durch die Natur vor meiner Haustür immer wieder voll da.

Das Ergebnis

So schaffte ich es tatsächlich ***meinen Kurs innerhalb dieser zweiten Woche fertigzustellen****. Ich produzierte also in 2 einwöchigen Sprints einen kompletten (und wie sich am Bestsellerrang später zeigte, auch erfolgreichen und beliebten) Online-Kurs, wofür ich vorher über 2 Jahre brauchte.*

Dank der "Zwangskur" in Manaus habe ich begriffen, dass dies kein Zufall war, sondern dass ich, um wirklich produktiv zu sein, einen produktiven, störungsfreien Arbeitsplatz brauche, so wie wirklich erholsame Pausen zwischen der Arbeit.

Jannis Riebschläger
jannisproduction.de

Ihr agiles Produkt-Entwicklungs-System

Sie erstellen die Produkt-Bedarfs-Planung Ihrer Treppe

- Sie ordnen Ihre Produkte auf der Produkt-Treppe® an
- Sie ordnen jedem Ihrer Produkte eine Produkt-Liste zu
- Diese Listen bekommen eine Versionierung (*Versionsnummer + Datum*)
- Diese Listen werden mit jeder neuen Erkenntnis aktualisiert

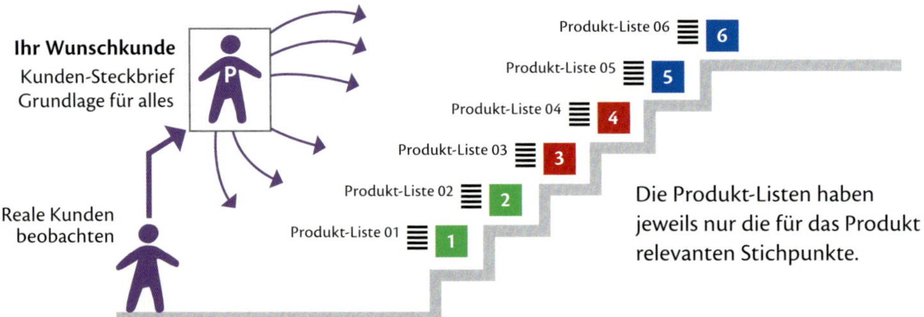

Sie entscheiden, welches Produkt (weiter-)entwickelt wird

- Sie konzentrieren sich dann auf ein einziges Produkt
- Dafür erstellen Sie eine Sprint-Liste
- In die Sprint-Liste kommt so viel, wie Sie in der vorhandenen Zeit schaffen können (plus Reservezeit). Hier bitte realistisch sein.

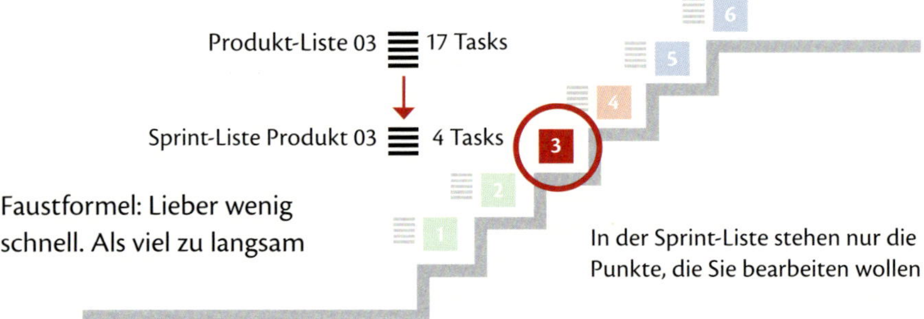

Sie sprinten und setzen möglichst viel in kurzer Zeit um

- Sie teilen den Sprint in die Tasks auf
- Sie heften die Tasks als Karten an Ihr Task Board unter „to do“
- Sie nehmen sich die erste Task und schieben sie auf „work in process“
- Sie arbeiten die Tasks möglichst zügig durch

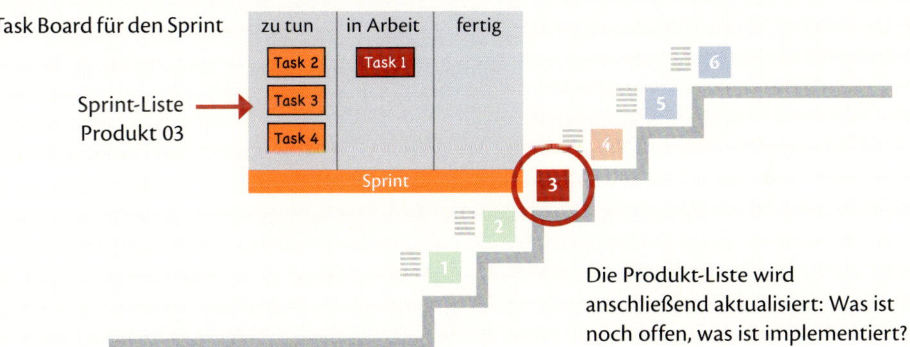

Die Produkt-Liste wird anschließend aktualisiert: Was ist noch offen, was ist implementiert?

Sie gehen in die nächste Runde

- Danach entscheiden Sie, wo Sie den nächsten Sprint platzieren
- Entweder beim gleichen Produkt
- Oder Sie wechseln zum nächsten
- Dort holen Sie sich die aktuelle Produkt-Liste und bereiten dort den nächsten Sprint vor

Produkt-Liste 02 9 Tasks

6

5

4

3

2

1

Die Entscheidung, wann Sie welches Produkt entwickeln, ist wichtiger als Sie denken. Ihre Kunden verfolgen sehr wohl, was Sie wann herausbringen.

Was ist an agil schwer?

Vielleicht wird der eine oder andere seine Augen reiben. Das war es schon? Das ist doch recht logisch und einfach. Ja, das ist es. Wer sagt, dass agil schwer ist? Gerade wenn Sie smart agil arbeiten, ist die Vorgehensweise überschaubar. Viele Abstimmungsprozesse im Team fallen weg.

Die Tücke liegt an anderer Stelle:

Viele halten ein solches Vorgehen solo für *„überstrukturiert"*. Sie sind ja selbstständig und *„können professionell arbeiten"*. Ein wenig Disziplin und dann läuft das schon. Vorsicht: Wir beharren oft in Arbeitsabläufen, die nicht produktiv sind. Oder wir lassen uns den Tagesablauf von scheinbar dringlichen Aufgaben diktieren. Stellen Sie sich die Frage: Wollen Sie wirklich innerhalb von 2 bis 3 Jahren ein attraktives Produkt-Portfolio stehen haben? Wenn ja, dann müssen Sie sich organisieren. Das verlangt eine Struktur. Dabei ist es vollkommen gleich, ob Sie:

- als Händlerin auf Ihrer Stufe 4 eine neue hochwertige Weinkollektion zusammenstellen und dafür die Etiketten texten
- als Maker ein Software-Update für Ihr Gerät programmieren
- als Kreativer an Ihrem neuen Krimi arbeiten
- als Expertin einen neuen Kurs in Ihrer Fachserie auflegen
- als Blogger das nächste große Winter-Event planen

Produktorientiert denken

Smart ist der Wille, konsequent an Ihrem Produkt-Portfolio zu arbeiten, ***nicht mehr an Einzeljobs.*** Wenn wir zwei Werkzeuge empfehlen, die Ihnen dabei am meisten bringen, sind es:

- die Produkt-Treppe®
- der Produkt-Sprint

Die *Kunden-Steckbriefe* und *Produkt-Listen* verlangen einiges an Disziplin. Aber die Augen offen zu haben, zu beobachten und dies in eine aktuelle Produkt-Liste als Word-Dokument einzutragen, schadet nie.

OFT GEFRAGT Wie viel Zeit nimmt man sich?

Wie lange sollte ein Sprint sein?

Das hängt davon ab, was für ein Produkt Sie erstellen. Faustformel: Versuchen Sie eine Produkt-Neuentwicklung oder ein Update mit zwei Sprints hinzubekommen. Es macht wenig Sinn, ein Produkt über Jahre zu entwickeln. Überlegen Sie, wann Sie fertig sein wollen und wie Sie diese zwei Sprints bis dahin schaffen. Bei zwei Sprints teilen Sie die Arbeit grob 50 / 50 Prozent. Sie merken dann im ersten Sprint schnell, ob Sie sich total verschätzt haben.

Wir kennen smarte Entrepreneure, die sich für einen ganzen Monat an einen schönen Ort zurückziehen. Von Schriftstellern ist bekannt, dass sie sich komplett zurückziehen, bis ein neues Buch steht. Es hängt natürlich auch davon ab, wie stark Ihr Geld-Verdienst-Druck noch ist. Je größer Ihre Rücklagen, um so freier können Sie sprinten.

Zu Beginn ist solo 6 bis max. 10 Tage eine gute Zeit. Wenn wir 10 Tage an einem fremden Ort sind, arbeiten wir auch das Wochenende durch. Weil sich sonst An- und Abfahrtstage (Tag 1 ist mit Anfahrt, Tag 10 ist mit Abfahrt) nicht rechnen. Das ist aber Ansichtssache. Sie müssen sich an Ihre optimale Zeit herantasten. Im nächsten Kapitel haben wir Ihnen einen Power-Monat skizziert. Das ist die Kombination aus zwei Sprintwochen und zwei gemischten Wochen im eigenen Home-Office.

Wie gestalten Sie Ihre Sprint-Liste?

Das hängt ebenfalls vom Produkt ab. Stellen Sie ein Sortiment für einen Shop zusammen, werden Sie alle Kriterien auflisten, die Ihre Produkte haben sollen (Qualität, Stil, Farben, Region ...). Ist es ein Gerät, sammeln Sie die technischen Spezifikationen. Bei einem Buch ist es eine Gliederung der Inhalte. Aber wichtig: ***Sie gleichen diese Details*** (was Ihr Produkt haben soll) ***immer mit dem Profil Ihrer Kunden ab*** (Kunden-Steckbrief). Sonst bauen Sie Dinge ein, die Ihr Kunde gar nicht braucht. Akademiker und Techniker tun dies häufig: Alles ist enthalten, keiner braucht es wirklich. Die Sprint-Liste ist minimal eine Stichwortliste, maximal wäre es ein Produkt-Konzept. Wichtig ist aber, die Liste VOR dem Sprint zu haben.

4 kleine didaktische Solo-Tipps

Wie sieht es mit den üblichen Hilfsmitteln wie Timer, Stifte, Wände aus? Auch hier gilt: Sie entscheiden, was für Sie passt. Wie schon gesagt, wurden agile Methoden für Gruppen entwickelt. So ist das *Kanban Board* ein Visualisierungs-Board für ein Team. Es hängt dann groß an der Wand. Das muss aber nicht so sein. Sie sind smart und wendig unterwegs. Wer solo arbeitet, kann anders arbeiten.

1. Sie müssen keine Gruppe moderieren – klein funktioniert auch

Ein Team braucht eine eigene Didaktik. Viele agile Methoden haben Details, die bei der Moderation eines Teams sehr sinnvoll sind, nicht aber wenn Sie solo arbeiten. Wenn Sie zum Beispiel in einer Gruppe ein Geschäftsmodell mit Stickern an die Wand heften, dann sollten die Haftnotizen möglichst GROß sein. Und Sie sollten auch groß schreiben. Sonst können es die anderen nicht lesen. Wenn Sie allein arbeiten, ist das nicht nötig. Sie wollen nicht überall im Zimmer Riesenhaftnotizen hängen haben. Sie haben ein Home-Office, aber keine Fabrikhalle. Also sind solo kleine Haftnotizen praktischer. Sie kleben diese zum Beispiel auf DIN A4 Zettel und heften diese Zettel einfach in Ihre Konzept-Mappe. Dadurch behalten Sie Ordnung im Raum. Das ist aber kein ehernes Gesetz. Auch wir planen besonders komplexe Sachen gerne einmal mit Filzstift und großen Stickern. Sie können dann schön Abstand nehmen und „aus der Entfernung" darüber nachdenken.

2. Weg mit den Whiteboards – zurück zum Bleistift

Die moderne Großraumbüro-Kultur ist Chemie pur. Whiteboards, Marker, Haftnotizen. Brauchen Sie das alles? Die Haftnotizen brauchen Sie. Nach diesen Stickern werden Sie süchtig. Aber wie ist es mit den anderen Sachen? Eine moderne Krankheit sind *Whiteboards* und die dazu meist nie vorhandenen *Whiteboard Marker.* Was schon in großen Firmen nicht gut funktioniert, ist spätestens in Ihrem Home-Office ein Ungetüm der Ungemütlichkeit. Smart können Sie scribbeln, wo Sie wollen. Niemand schaut Ihnen über die Schulter. Der gute alte Papierblock oder das Skizzenheft sind viel schöner und Bleistift nach wie vor das beste

Schreibgerät der Welt. Ein Bleistift ist auch für die Umwelt gut. Sortieren Sie also Ihre Toolbox und werfen Sie alles raus, bei dem es zu sehr nach Chemie und Plastik riecht.

3. Time Boxing mit Flexibilität

Wenn Sie im Team arbeiten, brauchen Sie feste Regeln. Eine ist das *Time Boxing.* Agil wird oft in festen Zeitzonen gearbeitet. Meist sind das 60, 30, 20 oder 15 Minuten-Slots. Als Werkzeug für dieses Time Boxing wurde der *Time Timer*® bekannt, eine Uhr, die rückwärts läuft.

Wir nutzen ebenfalls den *Time Timer*® und arbeiten gerne mit 2 x 60 Min. als eine Time-Box. Wenn wir bei einem Produkt in Schwung sind, arbeiten wir aber auch schon einmal so lange, wie wir im Flow sind. Achten Sie aber trotzdem auf Ihre Zeiten. Sonst fressen Sie sich unnötig in Details fest. Gerade bei der Recherche oder anderen Ideen-Slots zwingt Sie diese Uhr, den roten Faden zu halten. Fragen Sie sich auch: Habe ich gerade langsame oder schnelle Zeit? Ein Sprint ist schnelle Zeit.

4. Setzen Sie sich unterschiedliche Hüte auf

In der agilen Welt gibt es verschiedene Rollen. *Product Owner, Scrum Master* und vieles mehr. Als Smartianer sind Sie das oft in einer Person. Dann hilft Ihnen die Methode der ***„Rollen-Hüte“***. Dabei machen Sie sich bewusst, welche Rolle Sie gerade innehaben und was Sie dann mit welchem Blickwinkel zu tun haben. Die Methode, sich verschiedene Denkhüte aufzusetzen, geht auf *Edward de Bono* zurück. Im agilen Umfeld können Sie das adaptieren. Welche Rollen haben Sie?

- ***Kreativer:*** Gestaltung, Stil, Inhalte, Design
- ***Entscheider:*** Sie sind Product Owner (steuern den Prozess + Etat)
- ***Umsetzer:*** Produktioner und Timekeeper (Zeitstrahl, Termine)

Überlegen Sie, welche Rollen Sie gerade haben, und wechseln Sie bewusst. Beispiel: Am Ende einer Schreibzeit für ein Buch (dort haben wir die Rolle des ***Autors***) wechseln wir bewusst in die Rolle des ***Producers***. Dann geht es nur noch um die Technik, nicht mehr um Inhalte.

Die Killer-Frage: Wo bleiben die externen Impulse?

Sobald gestandene agile Projektleiter hören, Sie wollen solo agil arbeiten, kommt früher oder später die Killer-Frage: *„Wie kann man allein schnell vorankommen? Es fehlen doch die Impulse der anderen im Team."* Lassen Sie sich von dieser Frage nicht schrecken. Sie können solo sprinten und werden solo auch extrem produktiv und kreativ sein. Hinter der Killer-Frage stecken zwei Annahmen, die für Sie in der Regel nicht gelten:

A – bei einer komplexen Software-Entwicklung ist ein Team wichtig

Wer an komplexe Technik herangeht, kämpft mit Software-Code. Dieser tut nicht immer, was man will. Wer stecken bleibt, ist froh, schnell Kollegen fragen zu können, wo man gerade auf dem Schlauch steht. Das ist bei klassischer Produkt-Entwicklung nicht so.

B – jeder Beitrag eines anderen ist per se gut

Im agilen Mindset wird oft so getan, als wenn das Team zwingend ein Teil der Lösung sei (*Wir-Intelligenz*). Das sehen wir anders. Gruppen sind klasse. Aber bei weitem nicht immer. Wollen Sie in einer Gruppe zusammen ein Produkt entwickeln, braucht diese Gruppe eine gemeinsame Vision und Beziehung. Also die Klärung, warum sie zusammen arbeiten (*Visioning*). Viele Teams scheitern daran (oder überspringen das) und kommen nie in den *„Performing-State"*. Agil wird erst gut, wenn ein Team freiwillig zusammenarbeiten will. Sprich: Ein Team ist nicht per se einsatzbereit.

An dieser Stelle sind Sie smart sofort startklar und oft stärker. Sie haben vielleicht nicht die gleiche Manpower wie ein agiles Team, aber Sie haben oft die stringentere Vision. Ein weiterer Vorteil: Sie können Ihre Vision für sich allein verhandeln, es darf eine persönliche Vision sein. Ihr Geschäftskonzept darf 100 % auf Ihre Stärken zugeschnitten sein (biografischer Ansatz). Das geht in keinem Konzern oder anderen Firma.

Weil das so ist, erreichen Sie bei einem smarten Konzept schneller Ihren eigenen Performing-State *(Flow / Deep Work)*. Gerade im Sprint wird sich das zeigen. Auch sind Sie solo nicht allein. Rechts fünf Tipps, wie Sie sich systematisch Impulse von anderen holen.

CHECKLISTE Vorher und nachher auf andere hören

5 Tipps, wie Sie sich solo Ihre externen Impulse holen

Wer solo sprintet, erhöht seine Produktivität. Wer unvorbereitet sprintet, läuft allein aber schnell in Sackgassen. Kein Profi schöpft sein Wissen allein aus sich. Hier fünf Tipps zur Vor- und Nacharbeit.

① Gespräche, Recherche und Austausch vorweg

Wenn Sie in einen Produkt-Sprint gehen, haben Sie VOR dem Sprint bereits mit anderen über Ihr Produkt gesprochen, ausgetauscht und wichtige Schlüsselfragen geklärt, oft im direkten Austausch mit Ihren Kunden. Zum Beispiel über Fragebögen, Interviews etc.

② Bauen Sie sich einen Sprintapparat auf

Es gibt fast immer Experten, die zu Ihrem Thema/Projekt/Produkt publiziert haben. Haben Sie im Sprint alle zum Thema wichtigen Bücher und Quellen griffbereit. Universitäten nennen eine solche Zusammenstellung *„Semesterapparat"*. Wir schätzen solche Apparate. Selbst in Fremdräume, nehmen wir Bücher mit. Es kann aber auch eine digitale Bibliothek sein.

③ Achten Sie auf schnelles Internet

Auch wenn Sie in Klausur gehen, verzichten Sie nicht auf Internet. Ihnen hilft kein Ort ohne Web. Sie kommen an Punkte, wo nur eine kleine Information fehlt. Achten Sie aber darauf, nur gezielt zu surfen.

④ Sackgassen überspringen

Bei aller Vorbereitung kann sich ein Punkt in der Arbeit problematisch zeigen. Ihnen fehlt eine Erfahrung, eine Idee, eine wichtige Einschätzung. Lernen Sie, dies frühzeitig zu identifizieren. Notieren Sie genau, was das Problem (die Fragestellung) ist. Legen Sie dann diesen Punkt zur Seite und arbeiten Sie an anderer Stelle weiter. Klären Sie dies nach dem Sprint.

⑤ Testen Sie während oder sofort nach dem Sprint

Fragen Sie vor dem Sprint bereits eine kleine Gruppe Ihrer Kunden, ob sie während oder nach dem Sprint Ergebnisse testen. Oft reicht eine Person für einen bestimmten Aspekt. Achten Sie auf kleine Testhappen. Sonst dauert es Wochen, bis andere antworten.

Agil ist ein Mindset und keine Methode

Blick über die Schulter eines Agil-Profis

An dieser Stelle freuen wir uns, dass *Ansgar Wimmer* von *Agile all Areas* hier mit im Buch dabei ist. Er ist ein Vollblut-Agilist und bringt seit Jahren Teams in Unternehmen und Organisationen bei, wie sie agil arbeiten. Dabei arbeitet er sowohl allein als Agile Coach als auch in Teams auf Zeit.

Ansgar, warum glaubst Du, dass agil wichtig ist?

Wir müssen heute Antworten finden, die es vorher noch nie gab. Die Digitalisierung, die zunehmende Vernetzung, aber auch die künstliche Intelligenz stellen uns alle mehr oder weniger an die gleiche Startlinie. Es gibt niemanden, der weiß, was da alles auf uns zukommt. Und auch andere Dimensionen der Themen, die wir heute bearbeiten, sind sehr komplex. Das ist der Grund, warum wir auf agile Methoden angewiesen sind. Sie stellen das Ausprobieren und Lernen in den Vordergrund.

Wir schätzen Dich, weil Du keine so enge Technikfixierung hast wie einige Deiner Kollegen. Ein ausgesprochenes Anliegen von Dir ist, agil lockerer zu sehen und mehr Menschen dafür zu gewinnen.

Agil ist keine Technik, im Grunde genommen auch keine Methode. Es ist vor allem Kopfsache. Das versuche ich sowohl in meinen Projekten und Keynotes, als auch in anderen Formaten zu vermitteln. Wer zum Beispiel Scrum in seinem Unternehmen einführt, ohne zu wissen, warum oder ohne ein begleitendes Change-Management, der wird zwangsläufig scheitern. Viele wollen gar nicht agil sein, da hilft Scrum nichts.

Wie nutzt Du die Produkt-Treppe® und was für Tipps hast Du für uns?

Da ich im Moment gut gebucht bin, muss ich mir sehr genau überlegen, wie ich mit der wenigen Zeit umgehe, die mir übrig bleibt. Und da kommt die Produkt-Treppe® ins Spiel. Sie hilft mir, strategisch die richtigen Produkte zur richtigen Zeit zu bearbeiten. Der wichtigste Tipp aber ist: bearbeitet eine Stufe nach der anderen! Versucht nicht, alle Stufen auf einmal zu erstellen! Das ist wirklich zu viel. Glaubt mir, ich hab's versucht!

Du arbeitest vor allem für und mit Teams in Firmen, deren Team-Mitglieder meist fest angestellt sind. Andererseits werden dort auch oft „Freie" zugemischt. Du selbst bist Selbstständiger, nach unserer Definition ein Smarter Experte. Wo ist für Dich der Unterschied zwischen diesen drei Gruppen und wie können Selbstständige agil arbeiten?

Smart bedeutet für mich, weniger im Modus *„Time for Money"* zu arbeiten – quasi die Definition eines Festangestellten. Als Berater und Keynote-Speaker wie ich, kann man dem nicht in allen Bereichen ausweichen. Dennoch gibt uns die digitale Welt eine Vielzahl an Möglichkeiten, smart zu sein. Das schließt agiles Arbeiten unbedingt mit ein. Wenn ich einen Online-Kurs, ein E-Book oder eine virtuelle Mastermind konzipiere, sind das Aufgaben, die ich auch wunderbar allein agil bearbeiten kann. Wie gesagt: Agil ist für mich ein Mindset, keine Methode. Daher können alle drei Gruppen es nutzen.

Wir zeigen in diesem Buch die Produkt-Treppe® als zentrales Schaltpult für ein agiles Produkt-Portfolio-Management. Was ist in Deinen Augen der wichtigste Hebel, wenn man so arbeitet?

Die Produkt-Treppe® agil zu nutzen, ist eine sehr gute Idee. Die schönste Produkt-Treppe® nutzt mir allerdings nichts, wenn ich nicht meine Kunden im Auge habe. Dank Design Thinking & Co wissen wir so unfassbar viel mehr als noch vor ein paar Jahrzehnten. Es ist heute kein Hexenwerk mehr, meine Zielgruppen sauber zu definieren. Mit Personas, einem Einfühldiagramm, einer Empathy Map und ein paar gut geplanten Tests kann ich in kürzester Zeit sehr, sehr viel über meine Kunden erfahren. Ich muss mich dann nur noch trauen, frühzeitig raus zu gehen (MVP). Das ist für die meisten die größte Hürde. Ich nehme mich da gar nicht aus. Am Ende wird es aber sehr belohnt! Mit anderen Worten: traut Euch!

Danke Ansgar!

Gestalten Sie Ihren Kreativen Raum

Im nächsten Kapitel werden wir hier noch tiefer einsteigen. Vorweg nur kurz der Zusammenhang von Produktivität und Kreativem Raum: Agil arbeiten gelingt nicht überall. Sie brauchen dafür eine gute Umgebung.

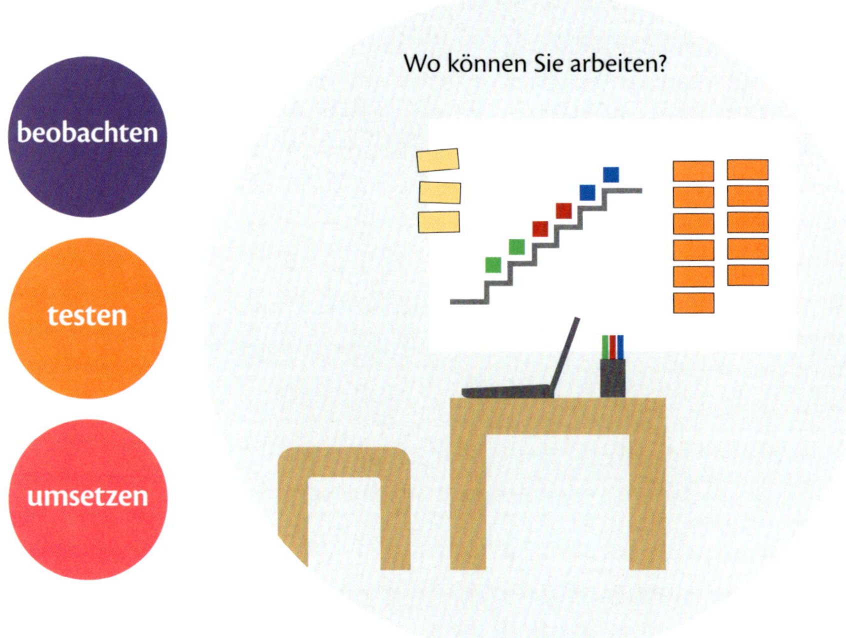

Was fällt besonders schwer?

Der Punkt, der oft am schwersten fällt, sind fortlaufende Tests. Das verlangt Disziplin und einiges an Vorwissen, wie ein guter Test funktioniert. Tappen Sie aber bitte nicht in die Vollständigkeits-Falle: *Ich mache Tests entweder ganz oder gar nicht.* Wenn Tests für Sie eine Hürde sind, können Sie mit ganz simplen Prototypen und Befragungen beginnen. ***Wichtig:*** Sie müssen nicht alle Punkte von der Checkliste rechts sofort umsetzen. Langsam anfangen und dann steigern.

Ein erstes smartes agiles System

Diese Checkliste hilft, Ihren Kreativen Raum zu strukturieren.

Produkt-Qualität

Produkt-Treppe®
- [ ] Visualisierung Ihres grundlegenden Portfolios

Problem besser verstehen
- [ ] Problem-Raum mehr Aufmerksamkeit schenken

Kunden-Steckbriefe
- [ ] Bessere Erfassung und Auswertung der Kundensicht

Test-System

Prototypen & pilotieren
- [ ] Mehr Ausprobieren + Tests vor und während der Einführung

Dateiablage
- [ ] Bessere Ordnung der Ergebnisse in einer guten (digitalen) Dateiablage

Produkt-Listen
- [ ] Als ständig aktueller Wissensspeicher zu Ihren Produkten

Deep Work

Sprints anwenden
- [ ] Häufiger als bisher Produkte mit Sprints voranbringen

Task Board
- [ ] Während des Sprints mit einem Task Board die Produktivität steigern

Sprint-Liste
- [ ] Realistische Ziele pro Sprint, gute Vorarbeit, klare Sprint-Liste

Das System für Ihre Vision

Wir wollten mit diesem Kapitel Geschmack auf agil machen. Gleich ob Sie ein Geschäftsmodell mit einer Gruppe oder allein entwickeln, in beiden Situationen macht agiles Vorgehen Sinn. Die Produkt-Treppe® passt dabei als zentraler Portfolio-Manager in Ihre agile Struktur. Sie gibt den Überblick, wann Sie wo agil weiterarbeiten. Sie ist quasi das Rückgrat für alle Ihre Listen *(Backlogs)*, Tasks etc.

Aber es geht um mehr. Es geht darum, Ihre Arbeitsweise zu verändern, alte Strukturen zu überdenken, Müllecken aufzuräumen, sich wieder auf (kreative) Arbeit zu freuen, Ihre Vision wiederzuentdecken. Zitat von einem Solopreneur, der zum ersten Mal mit Sprints arbeitete: *„Ich bin in meinem ersten Sprint – 5 Arbeitstage für die Weiterentwicklung meines Konzeptes, ohne Ablenkung durch das Tagesgeschäft. Fühlt sich gut an und ich habe mich die letzten Wochen schon riesig darauf gefreut."*

Bauen Sie Ihr System mit Ihren eigenen Spielregeln

Bei allem Gerede um Agilität läuft es am Ende auf eine Sache hinaus: Es ist nur das gut, was Sie selbst auch (regelmäßig) anwenden. Deshalb holen Sie sich das für Sie Beste aus dem agilen Werkzeug-Koffer und wenden Sie es so an, wie Sie damit klarkommen:

- Sie können das komplette, vorgestellte System anpassen
- Benennen Sie zum Beispiel Dateien und Ordner, wie Sie wollen
- Erstellen Sie sich eigene Ordnungs-Raster, nutzen Sie Ihre Farben
- Experimentieren Sie mit verschiedenen Sprint-Längen etc.

Kreative Freiheit bedeutet: Sie können die Spielregeln selbst bestimmen. Oft wird aber übersehen, dass dies bedeutet, ***sich Spielregeln zu geben.*** Eine Entlastung für Ihr Gehirn tritt erst ein, wenn Sie einen neuen, eigenen Rhythmus gefunden haben. Sie können auch jeden Tag neu entscheiden, was Sie gerade tun wollen – denkbar, aber sehr nervig und kraftzehrend. Da wir seit Jahren als Ehepaar im Home-Office arbeiten, wissen wir: Routinen helfen, allein und miteinander rund zu laufen. Investieren Sie daher in das System, das Ihre Vision am besten trägt.

think smart!

Zusammenfassung

Passen Sie agil für sich smart an

- Agile Arbeitsformen entstanden für Entwicklungs-Teams
- Agil ist mehr eine Haltung als eine einzige Methode
- Passen Sie daher agile Arbeitsweisen solo nach Bedarf an

Die Produkt-Treppe® als agiler Portfolio-Manager

- Nutzen Sie die Produkt-Treppe® zur Steuerung Ihrer agilen Struktur
- Die Treppe klärt, wann welches Produkt (weiter-)entwickelt wird
- Hilfreich ist eine Dateiablage, die Ihre Struktur widerspiegelt

Produkt-Entwicklung in Sprints

- Produkt-Sprints helfen, in kurzer Zeit weit zu kommen
- An besonderen Orten machen Sie auch noch besonders Spaß
- Ein Solo-Sprint klingt ungewöhnlich, funktioniert aber durchaus

Sie sind mit diesem Schritt fertig, wenn Sie dies beantworten können:

Wollen Sie Ihre Produkt-Entwicklung über Sprints beschleunigen?

Hier können Sie fast nur Ja oder Nein antworten

Diese agilen Methoden wollen Sie in Zukunft anwenden:

Aufzählung

08 FERTIG

Zeit für Pause und Notizen

*Was würde passieren,
wenn Sie sich wirklich
einmal auf sich selbst einlassen?*

Strategie

Kapitel 9 – Die Treppe und Ihre kreative Zeit

Die richtigen Räume zur richtigen Zeit

Wenn ein Künstler nur Modelle baut, aber nie ein Werk schafft, wird er weder bekannt, noch kann er irgendetwas verkaufen. Das ist bei einem Entrepreneur genauso. Konzepte, Modelle und Pläne sind eine Vorstufe, nicht aber das Ziel. Wie müssen Sie Ihren Kreativen Raum strukturieren, um mit der Treppe auch in die Umsetzung zu kommen?

Die Theorie vom Kreativen Raum

Oder wie Sie gezielt Ihre Arbeitsfreiheit steigern

Selbstständige sagen oft *„Ich habe heute Bürotag"* und meinen: Heute arbeite ich nicht an meinen Projekten, sondern an der Steuererklärung oder anderen Dingen, „die getan werden müssen."

Diese Aussage ist interessant:

- Warum haben diese Dinge etwas mit *„dem Büro"* zu tun?
- *„Büro"* klingt irgendwie wie *„Verwaltung"* und *„Aktenordner"*
- Warum gibt man dem oft *„einen ganzen Tag"*

Damit kommen wir genau in das Zentrum der Diskussion: Wann ziehen wir uns für welche Tätigkeit in welchen Raum zurück? Komische Frage, wird der eine oder andere denken: *„Ich habe nur einen Schreibtisch, alles, was ich tue, läuft darüber. Mein Büro ist mein Zimmer."*

Nein, das stimmt nicht.

Wenn Sie smarter Entrepreneur sind, haben Sie NICHT nur einen Raum. ***Sie haben so viele Kreative Räume, wie Sie wollen.*** Wir sitzen in diesem Augenblick (als wir diese Zeilen schrieben) im Februar in einer verlassenen Ferienhaus-Siedlung an der Ostseeküste (siehe Foto Kapitel 8). Ein Bekannter hat hier ein großes Haus nur 5 Minuten vom Strand. Für 10 Personen mit 2 Badezimmern und allem Schnick-Schnack. Im Februar mietet das keiner, also können wir das zu zweit für einen Produkt-Sprint für wenig Geld belegen. Am Strand ist es noch etwas kühl. Was uns nicht davon abhält, jeden Tag dort frische Luft zu tanken.

Wir haben, (so formulieren wir das) *„einen Kreativen Raum aufgespannt"*. Also für eine kompakte Zeit einen Raum belegt, um dort eine bestimmte Aufgabe zu meistern. In diesem Fall einen Power-Writing-Sprint für dieses Buch. Dieser Raum verändert uns. Er gibt uns mehr Konzentration. Es geht darum, für Ihre Kreativität die Energie hochzuhalten, Störquellen auszuschalten und Ziele zu erreichen, die Ihnen sonst durch die Hände gleiten. Hört sich gut an, wenn da nicht noch diese „Bürotage" wären.

Was ist eigentlich frei bestimmte Arbeit?

Es gibt sie, die „Büroarbeit". Selbstständigkeit ist mit Administration verbunden. Dann braucht Ihr Unternehmen ein gutes Marketing und wir haben Ihnen auch noch Lust auf Extra-Strategie-Arbeit gemacht. Und da wäre noch die Kleinigkeit der eigentlichen operativen Arbeit ...

Bürotage nennen wir „Admin", wie Administration

Wie passt das alles in einen Arbeitstag hinein?

Es passt nicht, wenn man sich ungeordnet morgens an den Schreibtisch setzt. Wir haben lange gebraucht, um zu verstehen: ***wir müssen den Tagen Konturen geben.*** Es gibt immer Tage, an denen Standardarbeiten anfallen. Aber daneben verschwinden wir relativ häufig in kreative Pausen. Hinter diesem Rhythmus steckt der ausgesprochene Wunsch, die eigene Arbeit frei einzuteilen ***und selbst zu entscheiden, was wann zu tun ist.*** Arbeit nervt, wenn sie die Überhand bekommt und Kreativität zerstört.

Beim „Managen" der Arbeit geht es um Lebensqualität. Die Freiheit, seine Arbeit selbst zu gestalten, ist ganz oben auf der Top-Prioritäts-Liste von Smartianern und Solopreneuren.

- Endlich ruhige Zeit, das „Eigentliche" tun zu können
- Keine Termine, die einen rausreißen *(Deep Work)*
- Sinnvolle Dinge tun, weg von Stangenarbeit
- Verdienststränge etablieren, die das ermöglichen
- Einen eigenen Horizont stecken, mit seinem Traum Erfolg haben

In diesem Kapitel möchten wir Ihnen zeigen, wie Sie Ihrer frei bestimmten Arbeit näher kommen. Haben wir im letzten Kapitel darüber nachgedacht, wie Sie smarte Produkte agil entwickeln, setzen wir jetzt darüber noch einmal eine Meta-Ebene und zeigen, wie Sie Ihre Arbeit gezielt über Kreative Räume steuern.

Wer vor der Unplanbarkeit kapituliert, verliert

Seine Arbeit selbst einteilen zu können, ist Freiheit. Doch das will gelernt sein. Wir haben im letzten Kapitel über Agilität gesprochen. Viele Start-ups haben schon lange die präzisen Pflichtenhefte und die starre Jahresplanung aus dem Fenster geworfen. Sie arbeiten sich auf Sichtweite in Themen hinein. Das ist keine Faulheit, sondern die Erkenntnis: Anders kommen Sie mit komplexen Projekten nicht mehr durch. Unser Eindruck: Es ist Zeit, dass auch Selbstständige sich anders organisieren.

Wir sind seit über 25 Jahren selbstständig und haben viele Bücher über Zeit-Management gelesen. Das klingt theoretisch toll: Sie machen einen Prioritätsplan, schreiben sich die Punkte auf, terminieren das und dann arbeiten Sie das ab. Prioritätslisten sind auf jeden Fall gut *(Stichwort Backlog)*, ***nur die Sache mit den Terminen klappt nicht wirklich.***

Aus einem einfachen Grund: Bei kreativen Prozessen können Sie nicht genau sagen, wie lange sie dauern. Aber es geht nicht nur darum. Auch bei stumpfen administrativen Tätigkeiten schießen Ihnen oft Dinge quer. Das Finanzamt möchte auf einmal die vorauszuzahlende Steuer willkürlich um 20 TSD Euro nach oben ziehen ... schon hängen Sie stundenlang am Telefon, um das aus der Welt zu bekommen.

Alle Formen der feingliedrigen Termin-Planung haben sich bei uns früher oder später in der Luft zerlegt. Unter dem Strich läuft es darauf hinaus: Viele Dinge dauern so lange, wie sie dauern. Und das ist fast immer länger, als man sich das wünscht. Die „Unplanbarkeit der Ereignisse" ist ein Hauptproblem der modernen, freien VUCA-Arbeit. Wenn Sie jetzt nicht aufpassen, kapitulieren Sie. In dem Augenblick, in dem Sie sich sagen, *„planen bringt nichts"*, bricht Ihre Kreativität. Sie arbeiten ab dann so vor sich hin und versuchen, das Notwendigste täglich vom Tisch zu bekommen. Das paart sich oft mit Ohnmachtsgefühlen und einer schlechten Laune. In diesem Zustand fällt die strategische Arbeit als erstes unter den Tisch. Ohne Strategie verlieren Sie aber die Übersicht. Sie können dann Ihre Arbeit irgendwann nicht mehr frei einteilen, weil die Reaktion die Oberhand gewinnt. Ein Teufelskreis, der definitv nicht smart ist.

VUCA = Volatility, Uncertainty, Complexity und Ambiguity

Die Arbeit über der Arbeit

„Unternehmer sind Menschen, die an ihrem Unternehmen arbeiten, nicht in ihm." Diesen Spruch haben Sie bestimmt schon gehört. Wir stimmen dem grundsätzlich zu. Aber was bedeutet das eigentlich? Viele haben das *„4-Stunden-pro-Woche-Wunschgefühl".* Timothy Ferriss hat einer ganzen Generation von Smart-Workern den Floh ins Ohr gesetzt, dass man ein Business so gut organisieren könne, dass man nur noch 4 Stunden die Woche arbeiten muss. Wir haben das nie erreicht und zweifeln auch, dass dies zu schaffen ist. Aus zwei Gründen: Es gibt Dinge in einem smarten Unternehmen, die getan werden müssen, und Dinge, die Sie tun wollen. Unter dem Strich ist das mehr Arbeit als 4 Stunden pro Woche. Auch oft mehr als 4 Stunden pro Tag. Die Frage ist nur: An wie vielen Tagen und an welchen Tagen? Und vor allem: In welchem Raum?

An der Kreativität nicht sparen, sondern sie erweitern

Wer Arbeit nur weghauen möchte, der hört irgendwann auf, kreativ zu sein. Denn er spart sich auch den Bereich der Arbeit, in dem der eigentliche Juice steckt: Die Kreativität. Nicht smart, finden wir. Wir gehen sogar noch einen Schritt weiter. Wir empfehlen Ihnen, einen zusätzlichen Kreativen Raum über den Strategischen Raum zu setzen: ***die Intuitive Arbeit.*** Damit hätten wir ***einen kreativen Power-Block*** mit drei Bereichen.

Der Kreative Power-Block

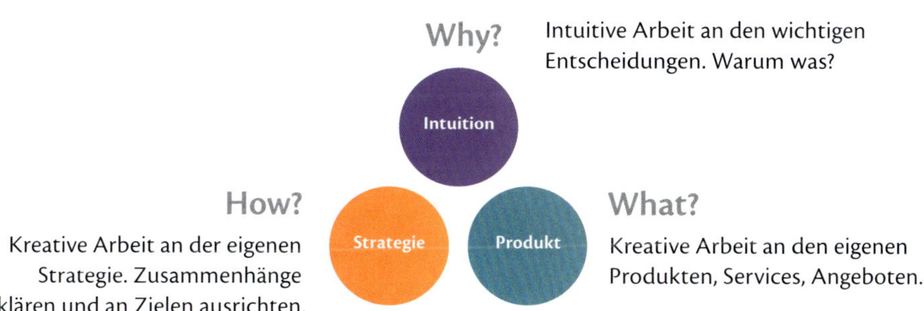

Fünf unterschiedliche Arbeitsräume

Wenn wir die intuitive Arbeit hinzunehmen, haben wir fünf unterschiedliche Arbeitsräume: Drei davon sind besonders kreativ (*Intuition, Strategie, Produkt*). Aber auch die Reichweiten-Arbeit kann kreativ sein (fragen Sie einen Blogger...). Der einzige Raum, der immer etwas staubig ist, bleibt die Administration. Aber ganz ehrlich: Man ist nicht immer kreativ. Hin und wieder ist es ganz entspannend, Dinge zu ordnen und abzuarbeiten.

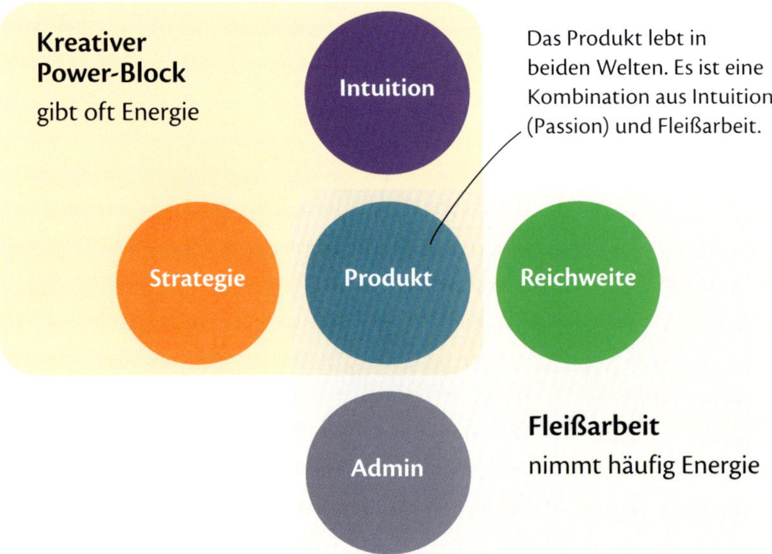

Vorschlag

Unterscheiden Sie fünf unterschiedliche Typen von Arbeit, die Sie zusammenfassen können ***und die unterschiedliche Kreative Räume brauchen.*** Wenn Sie diese Arbeitsräume agil managen, werden Sie besser vorankommen, als wenn Sie versuchen, diese Dinge feinmaschig zu „überplanen". Wenn diese These auch für Sie zutrifft (für uns stimmt sie), dann brauchen Sie ***fünf verschiedene Kreative Räume***. Und Sie müssen lernen, diese Räume gezielt nach Bedarf zu öffnen und zu schließen.

Fünf Arbeits-Typen, die jeweils einen anderen Raum brauchen

Intuitions-Arbeit

Entscheidungen brauchen Ruhe und einen besonderen Raum. Es geht um Sie als Person, unseren Planeten, Sinn oder einfach nur um diese letzte Fingerspitze Kreativität. Das kommt nicht vor einem „blöden" Bildschirm. Kein Taschenrechner oder Excel hilft Ihnen hier.

Strategie-Arbeit

Welches Produkt entwickeln Sie wann? Funktionieren Ihre Angebote noch? Für solche Fragen brauchen Sie Strategie-Einheiten und ein Geschäftsmodell. Sonst fangen Sie jedes Mal von vorne an.

Produkt-Arbeit

Ihr Business lebt von der Qualität Ihrer Produkte. Also müssen Sie Ihren Produkten das Beste geben, was Sie haben. Ihre beste Kreativität und Ihre beste Zeit. Deep Work entsteht bei vielen Menschen dann, wenn sie endlich in Ruhe „an ihrem Ding" arbeiten können. Das ist Ihre Zeit. Genießen Sie sie. Aber Vorsicht: Achten Sie auf den Bedarf Ihrer Kunden.

Reichweiten-Arbeit

Inbound Marketing heißt heute: Eigenen Content erstellen und regelmäßig posten. Zeit, die von der eigentlichen Produkt-Arbeit abgeht. Und dann ist da der Journalist, der Sie angemailt hat: Antworten Sie oder lassen Sie das links liegen? Sie antworten. Sie arbeiten regelmäßig an Ihrer Reichweite. Das muss leider sein.

Admin-Arbeit

Alles, was nötig ist, damit es läuft. Von Technik *(Komponenten, Internet, Website)* über Verträge bis hin zur Steuererklärung. Das ist die Pflege des Aufgebauten, die Bürokratie. Dinge rechtzeitig zu pflegen, spart viel Stress. Macht nicht immer Spaß, gehört aber dazu.

Der Entscheidungs-Zirkel

Rechts sehen Sie einen Kreislauf. Ziel: ***bessere Entscheidungen zu treffen***. Deshalb steht oben die Entscheidungsarbeit. Sie kennen Ihre Zahlen und haben eine Strategie, dann müssen Sie trotzdem Entscheidungen treffen. Diese beruhen nicht nur auf (oft widersprüchlichen) Informationen. Sondern auch auf einem Gespür, was richtig sein könnte. Der intuitive Raum ist der Entscheidungsraum. Solopreneure können diesen Raum frei gestalten, ein großer Vorteil. Organisationen mit vielen Angestellten haben ihn oft gar nicht. Wie halten Sie das? Gehen Sie dazu in einen eigenen Raum oder machen Sie das so „nebenbei"?

Die Räume speisen sich gegenseitig mit Informationen

Der Entscheidungsraum wird gespeist von Vorwissen und Vorarbeiten. Da ist zum einen die administrative Arbeit. Kennen Sie Ihre Zahlen? In finanzgetriebenen Start-ups ist dieser Bereich übermächtig. Ein Excel-Report jagt den anderen. In smarten Unternehmen ist das oft hemdsärmelig. Eine gute Zahlenbasis ist aber auf jeden Fall ein gutes Fundament. Deswegen steht das unten. Auch haben Sie den Rücken frei, wenn Steuern bezahlt, Rücklagen gebildet und Technik sauber steht etc.

Administration und Intuition ohne Strategie ist aber zu wenig. Sie arbeiten sonst nur im Tagesbetrieb, reflexartig, ohne die zentrale Frage geklärt zu haben: ***Welches Produkt soll was bewirken?*** Hier kommt die Strategie ins Spiel. Dieser Raum fehlt oft im Entscheidungskreis smarter Entrepreneure. Direkt aus den Zahlen in die Bauchentscheidung. Das ist nicht smart.

Wenn Sie wissen, was Sie wollen, dann brauchen Sie Ihre Produkte und Reichweite. Sie erstellen Ihr Portfolio und bringen es auf den Markt. Aus der realen Begegnung mit den Kunden laufen wieder Rückmeldungen in den Entscheidungs-Kreislauf. Und so weiter. Der Entscheidungs-Zirkel ist kein strenger Kreislauf. Oft springen Informationen oder Eindrücke aus dem einen Raum in den anderen. Die verschiedenen Arbeitsräume helfen Ihnen, die unterschiedlichen Aspekte Ihrer Arbeit vor Augen zu behalten. Erfolg hängt oft daran, keinen der Kreise unter den Tisch fallen zu lassen.

Entscheidungs-Zirkel

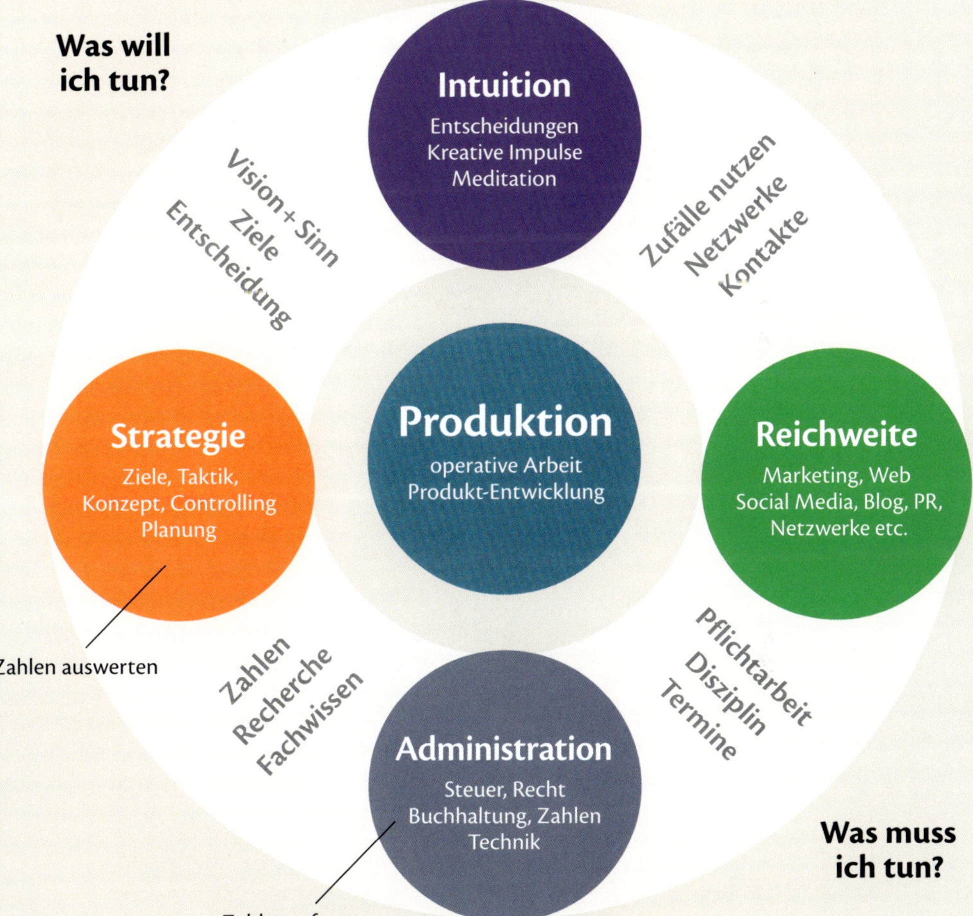

Wichtig
Bevor Sie in die Produktion gehen, müssen Sie strategische Vorentscheidungen *(was Sie warum bis wann fertigstellen)* in den anderen Räumen entschieden haben.

Jeder Aufgabe seinen eigenen Kreativen Raum geben

Mit einem Kreativen Raum meinen wir einen konkreten Platz, an dem Sie arbeiten. Das kann ein eigenes Büro sein oder ein Ort an anderer Stelle *(von Café bis Ferienhaus)*. Jede Person schafft sich andere Umgebungen. Deswegen ist das Foto unseres „Produktionsraums" nicht maßgebend. Es zeigt eines von vier Zimmern unseres Home-Offices.

Visualisierung

Apparat

Die wichtigsten Materialien im Schnellzugriff

Bildschirmplatz

Zweiter Tisch, hier im Foto nicht zu sehen.

Produktion

Vorsortieren

Steharbeitsplatz mit großen Schubladen. Papier, Sticker, Stifte etc. sofort im Zugriff.

Unsere Arbeitsweise

Wir arbeiten während der Produktion noch viel mit echtem Papier und lieben das. Trotzdem ist viel digital. Der Bildschirmarbeitsplatz ist im Foto nicht zu sehen. Er ist rechts vom Steharbeitsplatz, mit einem eigenen Tisch, so dass schnell hin und her gewechselt werden kann. Dieses Foto zeigt einen Raum unseres Home-Offices. Wir haben für verschiedene Aufgaben auch verschiedene Zimmer. Unter anderem einen Meditationsraum, in den wir nie einen Aktenordner oder Adminkram hineinnehmen. Verschiedene Räume im eigenen Home-Office ist aber noch die Ausnahme in Deutschland. Auch mit weniger Platz können Sie Arbeitsplätze differenzieren.

Ruhiger inspirierender Raum ohne Bildschirm

Was bringt Sie in Ihre Mitte und zur Ruhe? Wo haben Sie das Gefühl, ganz bei sich zu sein, offen für die innere Stimme und die Momente, in denen Sie Entscheidungen treffen wollen oder müssen. Kann auch eine Spaziergeh-Strecke sein mit einem Platz, an dem Sie (mit schöner Aussicht) sitzen können.

Inspirierender Raum mit Visualisierungstools

Sie brauchen glatte Flächen, um Dinge anheften zu können. Wir werden in Zukunft eine komplette Wand nur für Sticker freiräumen. Flipcharts oder Metaplanwände können es auch sein. Es hängt davon ab, was für Sie praktikabel ist und funktioniert. ***Faustformel:*** Die wichtigsten Dinge bleiben SICHTBAR!

Produktionsumgebung für Produkte

Was brauchen Sie, um schnell an Ihrem Produkt zu arbeiten? Oft ist es ein Wechsel zwischen der Sichtung von Vorarbeiten und der direkten Arbeit am Bildschirm. Daher gibt es in unserem Produktionsraum neben dem Steharbeitsplatz auch einen Bildschirmarbeitsplatz mit großem Bildschirm.

Produktionsumgebung für Reichweite

Marketing fällt vielen schwer. Viele Experten haben inzwischen ihr eigenes kleines Home-Studio mit einem schlanken Video-Set, das sie nicht immer abbauen müssen. Sonst drehen Sie nie etwas. Gleiches gilt für Podcaster, Blogschreiber etc. Wo fühlen Sie sich gut, um diese Arbeit gerne und zügig zu machen?

Administrationsumgebung mit allen Unterlagen

Ohne Ordnung wird Bürokratie nur noch ätzender. Wie archivieren Sie Steuerunterlagen, Angebote, Verträge? Was ist digital, was noch Papier? Was für Assistenz-Systeme helfen Ihnen, diesen Kram zügig wegzubekommen? Was kann wie delegiert werden? Wo wollen Sie „Ihren Bürotag" verbringen?

Vier Arbeitsmuster, die nicht smart sind

Sie haben verschiedene Arbeitsräume definiert. Was machen Sie nun damit? Sehen wir uns einige unsmarte Arbeitsmuster an. Die obere Linie ist das Frühstück. Die untere Linie der normale Feierabend. Jeder Kreis steht für eine Stunde Arbeit. Beim ersten Beispiel für Job-Arbeit. Bei den anderen ist es Arbeit am Produkt.

Der überarbeitete Freelancer

Acht Stunden arbeitet er in Jobs, die er nicht richtig geordnet bekommt, weil die Kunden ständig anrufen und unterbrechen. Erst nach Feierabend kommt er dazu, ein wenig Selbstmarketing zu machen und „Bürokram".

Es gibt Selbstständige, die einige Wochen brauchen, bis sie nach einem Job die Rechnung schreiben. Weil sie vorher nicht dazu kommen.

- Solide, aber überarbeitet
- 100 % abhängig von Aufträgen
- Kommt vor lauter Arbeit nicht dazu, sich selbst upzudaten

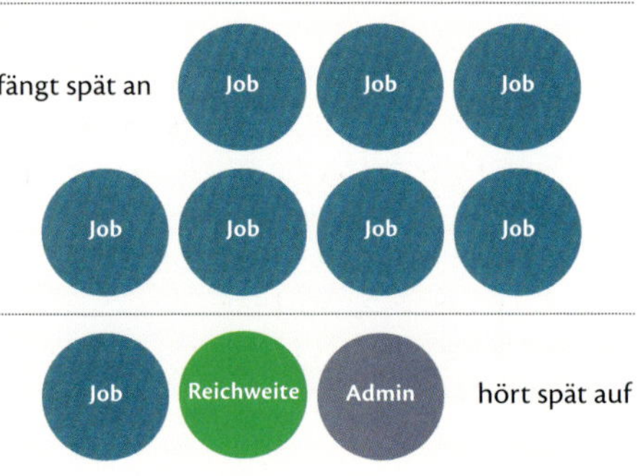

Der Esoterik-Hobby-Typ

Der Traum von der großen Freiheit, über ein einziges kleines Produkt.

Drei Stunden als Tagesanfang meditieren, dann zwei Stunden Strategie-Träumerei, um dann eine Stunde operativ zu arbeiten.

- Ist glücklich, verdient aber kein Geld

Das sind vier überzogene Beispiele. Sie können beliebige Muster hinzufügen. Meist stimmt die Mischung der operativen Arbeit zur strategisch-administrativen nicht. Oder der produktive Teil ist zu schwach.

Der Socialmediaholic

Ständig digital in den Kanälen. Hat vier Blogs parallel. Liest alle 733 Twitterkanäle, denen er folgt. Produziert Selfies und diskutiert überall mit. Jeder kennt ihn. Leider hat er kaum Produkte, weil er dazu nicht mehr kommt.

Da er auf jeden Kommentar sofort antwortet, kann er zwischen Social-Media-Zeit und freier Zeit nicht mehr unterscheiden. Der Tag verschwimmt in Aktion und Reaktion.

- Hochgradige Suchtgefahr
- Könnte etwas aus seiner Reichweite machen

Reichweite schläft mit Handy im Bett

Reichweite Reichweite Reichweite Reichweite

Admin Reichweite Produkt Produkt

Reichweite Reichweite Reichweite macht nie Schluss

Der preußische Zinnsoldat

Startet mit gründlicher Arbeit, die dann in Perfektion dokumentiert wird. Berechnet alle Dinge fünfmal. Auch sonst wird jeder adminstrativen Aufgabe eine hohe Aufmerksamkeit geschenkt.

- Funktioniert, arbeitet aber für die Bürokratie
- Ihm fehlt es an diesen 10 % Kreativität, die alles besser machen würde

fängt immer Punkt 8:00 Uhr an

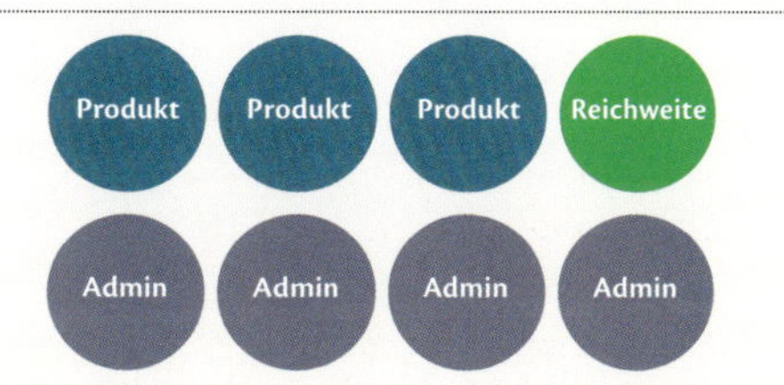

macht immer um 17:00 Uhr pünktlich Schluss

Wie können Sie das anders gestalten?

Angenommen, Sie hätten 8 Stunden zu arbeiten ...

... was würden Sie tun? Dann könnte eine ausgewogene Mischung aller Tätigkeiten ungefähr so aussehen. Jeder Kreis steht für eine Stunde Arbeit.

1 Tag

Produkt Produkt Produkt Produkt

Strategie Intuition Reichweite Admin

Die operative Arbeit
verdient das Geld

Die Meta-Arbeit
die Arbeit über der Arbeit

Das sieht auf den ersten Blick logisch aus, funktioniert aber unserer Erfahrung nach so nicht. Es ist schwer, alle Aspekte einer Selbstständigkeit in einen einzigen Tag hineinzubekommen. Gehen ginge das schon, aber Sie müssten wie ein Uhrwerk funktionieren und „auf Kommando" von einer Tätigkeit zur nächsten springen.

Wochen-Rhythmus

Besser: Sie bilden praktische 2-Stunden-Blöcke über die ganze Woche. Wichtig dabei: Die wichtigste Arbeit kommt nach vorne. Dies wäre z.B. eine Woche, in denen ein Produkt im Vordergrund steht.

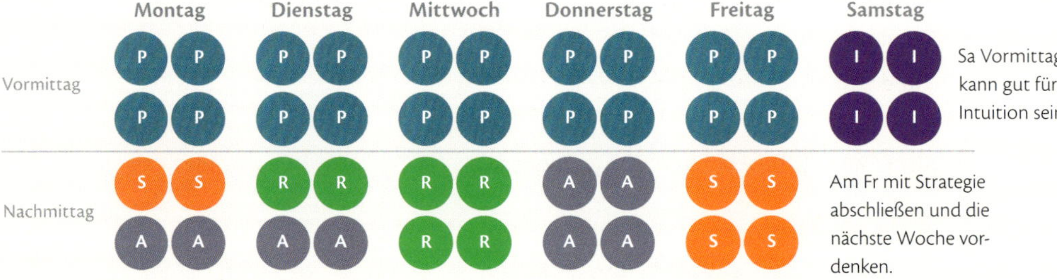

Ziel ist es, bis Mittag die wichtigsten Punkte erreicht zu haben und es dann etwas lockerer anzugehen. Die Grafiken sind nur zur Demonstration, die optimale Verteilung hängt von Person, Geschäftsmodell und Vorlieben ab.

Ein Power-Produkt-Monat – 2 Sprints und 2 gemischte Wochen

Agil wird es, wenn Sie in größeren Blöcken ***mit unterschiedlichen Geschwindigkeiten denken.*** Im Beispiel soll ein Produkt fertig werden.

	Mo Di Mi Do Fr Sa	
Produkt Sprint Schnell		Die Woche startet mit einem Strategietag. Danach ist nur noch Produkt angesagt. Di + Mi noch ein wenig Admin und Reichweite. Samstag intuitiv prüfen, ob man richtig liegt.
Aufräumen & Reserve Langsam		Montag wird das abgearbeitet, was an Kommunikation + Admin aufgelaufen ist. Di + Mi wird nachmittags an der Reichweite gearbeitet. Do + Fr gibt es unverplante Reserve.
Gemischt Normal		Normalbetrieb, um Luft zu holen. Das Produkt wird weiterentwickelt. Aber nicht so fokussiert wie bei den Sprint-Wochen. Es wird der nächste Sprint vorbereitet.
Produkt Sprint Schnell		Die letzte Woche ist noch stärker fokussiert, als die erste Woche. Volle Konzentration. Samstag / Sonntag dann richtige Pause.

Vorteile: Sie haben Sprintphasen mit wenig Ablenkung *(Deep Work)* und kommen dort nicht aus Ihrem Arbeits-Flow. Dadurch erreichen Sie viel mehr als in einer „fragmentierten" Woche. Das ist der Grund, warum wir auch ***zyklische Jahres-Konzepte*** empfehlen. Dabei strukturieren Sie Ihr komplettes Jahr in verschiedene Phasen.

Ein ganzes Jahr im zyklischen Wechsel

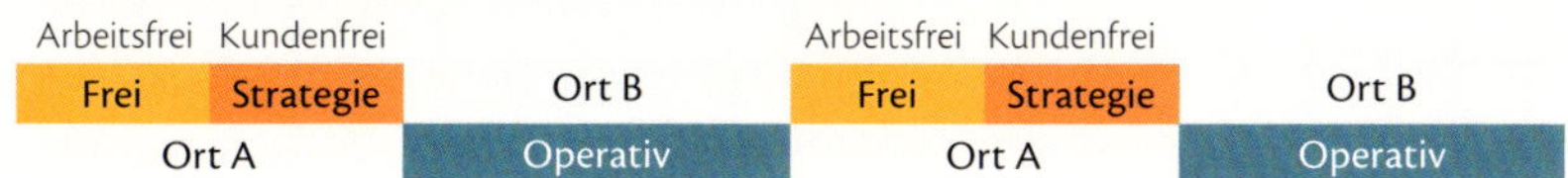

Können Sie Ihre Urlaube verlängern und Strategiezeiten anhängen? Sie sind für Kunden noch nicht erreichbar und haben dort Strategie-Sprints. Dieser Zeitstrahl ist nur ein denkbares Modell, aber ein guter Start.

Die Produkt-Treppe® in Ihren Kreativen Räumen

Ein Modell ist zum Anschauen, Visualisierung ist der Turbo für Ihr Gehirn. Ihr Modell kann Sie dabei auf drei Ebenen begleiten:

- Auf Papier — Als Skizze auf einem Zettel oder an einem Board
- Digital — In einer Datei
- Im Kopf — Als neuronales inneres Bild *(Imagination)*

Die Produkt-Treppe® ist einfach, daher auch einfach mitzunehmen. Sie kann in jedem Raum mit dabei sein. Aber nicht jeder Aspekt ist immer gleich wichtig. Aus diesem Grund können Sie sich ***verschiedene Ansichten*** der gleichen Treppe erstellen. Dafür überlegen Sie sich, welche Aspekte auf welcher Treppenansicht für Sie wichtig sind.

5 mögliche Spezial-Ansichten der Produkt-Treppe:

Intuition	Die nächsten wichtigen Entscheidungen (pro Treppen-Stufe)
Strategie	Zahlen: Umsätze, Kosten, Gewinn, Forecast etc.
Produktion	Inhalte: Was gehört zum Produkt? Was soll es erreichen?
Reichweite	Marketing: Aktionen, Kanäle, Funnels, Launches, Termine ...
Admin	Wartung + Pflege: Wo muss etwas administriert werden?

Sie können das in fünf verschiedene Ansichten differenzieren, müssen das aber nicht. Auch hier gilt: Arbeiten Sie mit den Ansichten, die Ihnen helfen. Nicht jedes Detail gehört auf die Treppe, das würde sie überfrachten. Für Detail-Arbeit gibt es weiterhin die Produkt-Listen, Kunden-Steckbriefe, Fachdokumente, Software, Komponenten etc.

Welches Bild brauchen Sie beim Einstieg?

Die Treppe kann wie ein Anker in den unterschiedlichen Räumen präsent sein und den roten Faden legen. Fragen Sie sich: Was würden Sie gerne mit einem Blick sehen, um am Anfang einer ***Intuitions-Session*** „sofort wieder im Film zu sein"? Entsprechend bei einer ***Strategie-Session*** etc.

Unterschiedliche Sichtweisen

über die Treppe organisieren

Der Trick einer guten Arbeitsorganisation ist,

wenn Sie in dem Moment, in dem Sie einen speziellen Kreativen Raum betreten, SOFORT alle wichtigen Dinge zur Hand haben. Ihr Gehirn hat dann einen schnellen Start. Dabei gibt es grob zwei Organisations-Typen: Diejenigen, die alles digital mobil bereithalten, und diejenigen, die echte Räume schaffen, in denen auch echte Ausdrucke und Skizzen hängen. Wir sind Zwitter: Wir mögen Papier und sind auch digital.

So schaffen Sie eine gute ***Startrampe*** in Ihrem Kreativen Raum:

- Schaffen Sie Kreative Räume mit bewussten Grenzen *Start / Ende*
- Schaffen Sie in den Räumen eine Ordnung *alles zur Hand*
- Nutzen Sie die Produkt-Treppe® als Start-Hilfe *Erste Orientierung*
- Nehmen Sie sich 2 bis 3 Minuten, kurz zu klären, was Sie tun wollen

Schaffen Sie Ihre eigenen Kreativen Räume

Wir beenden dieses Buch (das hat schon ein wenig Tradition) mit einem Schluss-Plädoyer für den eigenen ***Kreativen Raum***.

Wenn Sie mit der Produkt-Treppe® arbeiten, beginnt dies vielleicht mit einer ersten Skizze in einem Café. Diese Skizze ist ein Anfang. Ab dann braucht diese erste Skizze einen Kreativen Raum, in der sie sich weiterentwickeln kann. Ihre strategische Arbeit braucht Zeit und ein System.

Eigentlich sind es mehrere Räume. Wir raten dazu, verschiedene Typen der Arbeit zu unterscheiden und einzelne Aufgaben nicht einfach wahllos zu mischen. Für uns macht es Sinn, für diese verschiedenen Typen der Arbeit auch die Kreativen Räume zu wechseln. Sie können das natürlich so gestalten, wie es für Sie funktioniert. Wenn Sie aber bisher noch ohne strukturierte Kreativ-Zeiten arbeiten, unser dringender Rat: Schaffen Sie sich Ihre eigenen Kreativen Räume. Es lohnt sich.

Zentrale Fragen für Ihre Raumordnung

- In welchen Räumen arbeiten Sie regelmäßig?
- Wie kann dort die Produkt-Treppe® visualisiert werden?
- Wie halten Sie sich regelmäßig Ihr aktuelles Modell vor Augen?
- Welche Räume haben Sie schon?
- Was sind Ihre Wunsch-Arbeitsorte in Zukunft?

Ihr Raum, Ihre Spielregeln

Ein Kreativer Raum ist eine konzentrierte Zeit, in der Sie kreativ arbeiten. Dazu öffnen Sie einen Arbeitsraum unter bestimmten Spielregeln *(z.B. der Festlegung, wie lange Sie in dem Raum arbeiten, wie viele Pausen Sie sich dort gönnen, was für Methoden Sie nutzen)*. Wenn Sie keine verschiedenen Zimmer haben, können Sie auch ein einziges Zimmer mit verschiedenen Arbeitsecken strukturieren. Hin und wieder macht es Sinn, zu wechseln: In ein Café, in eine Mietwohnung im Ausland ... aber gleich, wohin Sie gehen, Sie sind der Stratege. Sie bestimmen die Spielregeln, wie Sie in Ihrem Raum arbeiten. Geben Sie diese Freiheit nicht aus der Hand.

Zusammenfassung

Frei bestimmte Arbeit

- Wie organisieren Sie sich? Wie erhalten Sie Ihre Arbeitsfreiheit?
- Eine selbstbestimmte Ordnung ist ein Schlüssel für Deep Work
- Arbeitsblöcke zu bilden, ist ein Schlüssel für hohe Produktivität

Verschiedene Typen von Arbeit, verschiedene Kreative Räume

- Wir haben fünf verschiedene Arbeitsräume unterschieden
- Intuitions-Arbeit hat z.B. andere Anforderungen als Produktions-Arbeit
- Welcher Raum passt für Sie zu welcher Form der Kreativität?

Welche Ansicht der Produkt-Treppe® hilft Ihnen in welchem Raum?

- Sie brauchen nicht in jedem Kreativen Raum immer alle Details
- Was hilft Ihnen in welchem Raum, den roten Faden zu halten?
- Welche Treppen-Ansicht hilft Ihnen, in welchem Raum gut zu arbeiten?

Sie sind mit diesem Schritt fertig, wenn Sie dies beantworten können:

Welche Kreativen Räume möchten Sie nutzen?

Die fünf vorgeschlagenen oder andere?

Wo spannen Sie diesen Raum auf und mit welcher Ordnung?

Wie behalten Sie den Überblick in dem Arbeitsraum?

09 FERTIG

think smart!

ich bin solo

Was wollen Sie morgen sein?

Wir haben in diesem Buch eine Reihe von Möglichkeiten gezeigt, wie Sie mit der Produkt-Treppe® arbeiten können. Dem einen oder anderen wird es zu viel Systematik sein. Falls das so ist, unser Tipp: Konzentrieren Sie sich auf die ersten 7 Kapitel. Oft reicht das für die praktische Arbeit aus.

Die letzten zwei Kapitel sind vor allem für diejenigen, die bereits einige Jahre Selbstständigkeit auf dem Buckel haben und noch einmal das Unkraut aus den Ritzen der täglichen Routinen holen wollen. Auch wenn Sie an ein größeres Konzept mit vielen Innovations-Sprüngen herangehen, rechnet sich ein Upgrade in puncto Systematik. Scheuen Sie sich dabei nicht, die Produkt-Treppe® mit anderen Ansätzen zu mischen.

Die Produkt-Treppe® ist ein einfaches Tool. Aber eines, das wir nicht mehr missen möchten. Ein Werkzeug ist da, um etwas zu bauen. Wir sind immer wieder erstaunt und begeistert, was alles in den Köpfen und Händen von kreativen Menschen entsteht.

Oder in den Köpfen von gut organisierten Menschen. Wir merken, dass sich bei uns der Begriff der „Kreativität" mehr und mehr von der Definition in unserem Bildungs-System ablöst. Wir glauben schon lange nicht mehr an die „Talente" oder „Genies". Mehr an die Ausdauer und den Glauben an die alltägliche kreative Energie, die in uns allen steckt.

In diesem Sinne wünschen wir Ihnen ein klares Bild, eine klare Vision, was Sie in den nächsten Jahren sein wollen. Wir sind gespannt, was Sie sich vorstellen können.

Verändern Sie Ihr Leben und das von anderen.

Ihre

Brigitte Conta Gromberg
Ehrenfried Conta Gromberg

smartbusinessconcepts.de

Julia Freudenberg von der *Hacker School* arbeitet mit der Produkt-Treppe®

DANKE

Dieses Buch steht im Kontext vieler Denker, besonders herausheben wollen wir:

Alexander Osterwalder	für seine bahnbrechende Arbeit, durch die Visualisierung im Bereich des Business Modelling ein Standard geworden ist. Danke dafür!
Patrick Stähler	für seine theoretische Vorarbeit in puncto Geschäftsmodell, die einiges ausgelöst hat.
Bernd Oestereich Claudia Schröder	die strategisch-kreativen Vordenker, bei denen wir unseren ersten Design-Thinking-Kurs gemacht haben und die wir sehr schätzen. Danke für das Vorwort.

Dank für alle praktische Hilfe an:

alle Anwender	die uns zuschauen ließen, während ihre Produkt-Treppen Gestalt annahmen, insbesondere die Meisterklasse 2019.
Moritz Avenarius	der spontan für uns auf dem letzten Solopreneur Day moderierte und auch sonst immer ein offenes Ohr für uns hat.
Ansgar Wimmer	für die intensive Zusammenarbeit, um die agile Welt für smarte Solisten herunterzubrechen.
Dustin Fontaine Teresa Hertwig Torsten Schmotz	für die drei Fallbeispiele, die alle Karten auf den Tisch gelegt haben. Danke für alle Insights. Wir wünschen weiter gutes Gelingen.
Claudia Ludwig	die wieder einmal Lektorat gelesen hat, trotz zweier eigener Buchprojekte. Ein großes Dankeschön!
Axel	für sein schönes Haus beim letzten Sprint.

Literatur

Die Denkrevolution im Business Modelling ist im vollen Gange: Hier einige Klassiker, die dazu beigetragen haben. Oder Bücher, die helfen, den Umbruch zu verstehen.

Business Model Generation

Ein Handbuch für Visionäre, Spielveränderer und Herausforderer

Alexander Osterwalder, Yves Pigneur
Campus Verlag, Frankfurt am Main 2011
Sprache Deutsch, Paperback 286 Seiten
ISBN 978-3-593-39474-9

Löste die visuelle Revolution im Business Modelling aus. Zielt aber stark auf große Firmen mit Teams und vielen Angestellten. Beschreibt die Arbeit mit der *Business Model Canvas.*

Value Proposition Design

Entwickeln Sie Produkte und Services, die Ihre Kunden wirklich wollen

Alexander Osterwalder, Yves Pigneur et al.
Campus Verlag, Frankfurt am Main 2015
Sprache Deutsch, Paperback 316 Seiten
ISBN 978-3-593-50331-8

Dieses Buch ist quasi der Bruder von *Business Model Generation.* Beschreibt die Arbeit mit der *Value Proposition Canvas.*

Lean Startup

Schnell, risikolos und erfolgreich Unternehmen gründen

Eric Ries
Redline Verlag, München 2014
Sprache Deutsch, Paperback 256 Seiten
ISBN 978-3-86881-567-2

Ideen sind gefährlich, wenn wir uns von ihnen allein leiten lassen. Eric Ries ist der Vorreiter einer konsequenten Testkultur.

Disruptive Thinking

Das Denken, das der Zukunft gewachsen ist

Bernhard von Mutius
Gabal Verlag, Offenbach 2017
Sprache Deutsch, Hardcover 232 Seiten
ISBN 978-3-86936-790-3

Die meisten smarten Geschäftsideen entwickeln sich iterativ, nicht disruptiv. Dieses Buch empfehlen wir trotzdem, da es gängige und neue Denkmuster gelungen visualisiert.

Scrum

The Art of Doing Twice the Work in Half the Time

Jeff Sutherland
Random House Business, New York 2015
Sprache Englisch, Paperback 256 Seiten
ISBN 978-1-84794-110-7

Jeff Sutherland ist einer der Mitbegründer von Scrum und dieses Buch bietet viel Praxiswissen. Wir empfehlen, die englische Ausgabe zu kaufen. Die deutsche Übersetzung *(Die Scrum Revolution)* ist nicht besonders gelungen.

Agile Organisationsentwicklung

Handbuch zum Aufbau anpassungsfähiger Organisationen

Bernd Oestereich, Claudia Schröder
Vahlen Verlag, München 2019
Sprache Deutsch, Paperback 250 Seiten
ISBN 978-3-8006-6076-6

Unser Vorwort stammt von Bernd Oestereich und Claudia Schröder. Hier ihr Handbuch über agiles Arbeiten. Mit einem guten Fingerspitzengefühl dafür, wie Menschen ticken. Zusammen mit *„Das kollegial geführte Unternehmen"* das deutsche Doppelpack über agile Orga-Entwicklung.

Das kollegial geführte Unternehmen

Ideen und Praktiken für die agile Organisation von morgen

Bernd Oestereich, Claudia Schröder
Vahlen Verlag, München 2016
Sprache Deutsch, Paperback 320 Seiten
ISBN 978-3-8006-5229-7

Kollegial geführte Unternehmen sind auf den ersten Blick das Gegenteil von Solopreneurship. Aber nur auf den ersten Blick. In beiden Fällen geht es um selbstbestimmtes Arbeiten. Im Buch finden Sie auch die Herleitung der modernen Denkmethoden.

Sprint

Wie man in nur fünf Tagen neue Ideen testet und Probleme löst

Jake Knapp, John Zeratsky, Braden Kowitz
Redline Verlag, München 2016
Sprache Deutsch, Paperback 256 Seiten
ISBN 978-3-86881-638-9

Jake Knapp hat bei *Google* an *Gmail* und *Hangouts* gearbeitet und entwickelte dort den *Design Sprint Process* mit. Gutes praktisches Buch über den Aufbau eines Sprints. Geht natürlich von einem Team-Sprint aus. Aber an vielen Stellen solo zu übernehmen.

Design Thinking Schnellstart

Kreative Workshops gestalten

Isabell Osann, Lena Mayer, Inga Wiele
Carl Hanser Verlag, München 2018
Sprache Deutsch, Paperback 105 Seiten
ISBN 978-3-446-45836-9

Fröhlich gemachtes Buch über Design Thinking. Geht der Frage nach, wie eine Gruppe kreativ visualisiert und denkt.

Das Sketchnote Handbuch

Der illustrierte Leitfaden zum Erstellen visueller Notizen

Mike Rohde
mitp Verlag, Frechen 2014
Sprache Deutsch, Paperback 224 Seiten
ISBN 978-3-8266-8203-2

Als dieses Buch auf Englisch erschien (Titel dort nur *„Sketchnotes"*), gab es den kleinen Skizzen ihren Namen. So gesehen ein Klassiker der visuellen Revolution.

Quellen

Kapitel 1 – Die Kunst, einfach zu bleiben

S. 10 ***Zitat Jack Trout, Steve Rivkin:*** Die Macht des Einfachen, Ueberreuter 1999, S. 113.

Kapitel 2 – Die visuelle Revolution

S. 28 ***Zitat Gottfried Bammes:*** Gottfried Bammes war Professor für Künstleranatomie an der Hochschule für Bildende Künste Dresden und gilt als ein großer Didaktiker des letzten Jahrhunderts. Er schuf ein System didaktischer Anatomie-Bilder von Menschen und Tieren, die noch heute zu den Standard-Lehr-Visualisierungen für Künstler gehören. Das Zitat im vollständige Wortlaut ist: *„Doch solche Empfehlung hilft, das volle Ausmaß der Distanz jener Auffassung zu dem in diesem Buche Vorgetragenem bewußtzumachen, daß wir im Sehen ein gesteigertes geistiges Vermögen erblicken, in welchem gesetzhafte Erscheinungen der Figur durchsichtig werden, und das heißt nichts weniger als Gewinn an Freiheit gegenüber dem Zufall und der Unbegrenztheit des visuellen Angebotes.“* Das Zitat stammt aus seinem Werk: Sehen und Verstehen, Volk und Wissen, Berlin 1985, 1. Auflage, Seite 5 ff.

S. 34 ***Mahner gegen Ökonomisierung:*** Günter Faltin schrieb darüber in seinen Büchern. So in seinem Buch „Kopf schlägt Kapital“ gleich zu Beginn unter 1.2 Faszination Ökonomie. Und sprach wiederholt in Vorträgen dieses Thema an. In seinen Augen verkam die Betriebswirtschaft nach dem zweiten Weltkrieg zur Statistik. Silja Graupe ist Professorin für Ökonomie und Philosophie und Mitgründerin der Cusanus Hochschule. Sie hat ausführlich über Denkmodelle in der Ökonomie gearbeitet und weist immer wieder darauf hin, dass die moderne Ökonomie einseitig geprägt und damit gefährlich ist. Eine dieser Einseitigkeiten ist die Zahlenbezogenheit. Zitat: *„In klassischen Studiengängen liegt der Fokus vermeintlich auf mathematischen Modellen, welche die Studierenden von der Realität trennen.“* (duz, Deutsche Universitäts Zeitung, 15.12.2017, Denkräume erweitern, S.10). Gegenmodelle sind Ansätze wie z.B. die Plurale Ökonomie, Gemeinsinn-Ökonomie (Cusanus Hochschule) oder die Gemeinwohl-Ökologie.

S. 41 ***Fehler in Tabellen:*** Formelfehler in Excel-Tabellen sind weit verbreitet und führen zu Problemen, wenn sie nicht rechtzeitig entdeckt werden. *„The reliability of a spreadsheet is essentially the accuracy of the data that it produces, and is compromised by the errors found in approximately 94% of spreadsheets. Understandability refers to how easily a user or auditor can make sense of the spreadsheet, and is fundamental to the implementation of Sarbanes-Oxley.“* (gemeint ist The Sarbanes-Oxley Act of 2002) Ruth McKeever, Kevin McDaid, Brian Bishop, An Exploratory Analysis of the Impact of Named Ranges on the Debugging Performance of Novice Users, EuSpRIG 2009, ISBN 978-1-905617-89-0 *„Spreadsheets appear to be a relatively intuitive tool that are perceived to be deceptively easy to use and although extensively used by organisations have often proved to be misleading at best and dangerous at worst.“* David Banks, Ann Monday, Interpretation as a factor in understanding flawed spreadsheets, EuSpRIG 2009, 2002 ISBN 1-86166-182-7

EuSPRIG ist die European Spreadsheet Risk Interest Group. Sie wurde 1999 in England gegründet, um das Problem der Fehler in Spreadsheet-Tabellen zu adressieren. Beteiligt sind u.a. die Greenwich University und die University of Wales.

Spreadsheet Horrors: F1F9, eine Londoner Beratungsfirma für Financial Modelling, die speziell darauf spezialisiert ist, Finanzmodelle mit Hilfe von Spreadsheets aufzubauen und bei EuSPRIG beteiligt ist. F1F9 gab das White-Paper *„The dirty Dozen, 12 Modelling Horror Stories & Spreadsheet Disasters“* heraus. Autor ist Robin Aitken, ein Associate Director von F1F9. In diesem Paper werden besonders schwerwiegende Case Studies von Fehlern in Excel-Tabellen dargestellt.

S. 41 ***Sven Ripsas*** gab den Rat, als Start-up weiterhin eine Excel-Tabelle zu nutzen, in seinen Vorträge auf dem Entrepreneurship Summit in Berlin 2017 und 2018.

S. 42 ***Burn your Business Plan.*** Alexander Osterwalder hat diesen Satz immer wieder gebraucht. Unter anderem auf dem Entrepreneurship Summit 2012 in Berlin. Es gibt eine Aufzeichnung seiner Keynote von dort: https://www.youtube.com/watch?v=BHQXAj0A5go

S. 42 ***Re-imagine!*** 2003 schrieb Tom Peters ein Buch, in dem er gegen eingefahrene Denkstrukturen wettert. „Ich bin stinksauer!" ist eine Überschrift seines Vorwortes. 60 Jahre alt führt er Farben ein und bricht mit allen Traditionen eine Business-Buches. Was er noch nicht tut: ein visuelles Modell zu nutzen. Das wird erst mit Business Model Generation passieren. Tom Peters, Re-image! Business Excellence in a Disruptive Age, London 2003. Auf deutsch 2007, Gabal Verlag Offenbach.

S. 43 Zitat ***Business Model Generation***: Alexander Osterwalder, Yves Pigneur. Business Model Generation, Campus, Frankfurt am Main 2011, S. 18.

S. 44 ***Reduktion Geschäftsmodell auf drei Stränge:*** Patrick Stähler. Geschäftsmodelle in der digitalen Ökonomie: Merkmale, Strategien und Auswirkungen, Josef Eul Verlag 2001, Köln-Lohmar, S. 41f.

S. 44 ***Verbindung Patrick Stähler zu Alexander Osterwalder:*** Patrick Stähler hat uns dies persönlich erzählt und schrieb dazu auf seinem Blog: *„The work (published in 2001) became quite popular in the German speaking countries since I tried to explain the new economic factors that made up the digital economy and basically of all businesses that have a high degree of digital assets. In my work I coined the term business model innovation which later became very popular. At that time I also obtained the domain business-model-innovation.com which I used for 8 years just to present some definitions of terms I defined in the dissertation. In 2002 I wrote the following paper on business models and strategy. The paper was for a workshop Alex Osterwalder organized when he started his research as a fresh Ph.D. student at the University of Lausanne also in Switzerland. The paper is in parts a translation of one chapter of my Ph.D. thesis of 2001. So if you see similarities between Alex and my work, that is by design."* Auf seiner internationalen Website http://blog.business-model-innovation.com/about/ Stand 27.09.2019.

S. 45 ***Zitat Patrick Stähler:*** Auf der deutschen Website im Artikel „Definition Geschäftsmodell". http://www.business-model-innovation.com/definitionen/geschaeftsmodell.htm/ Stand 27.08.2019.

S. 45 ***Value Map als Summe aller Angebote:*** Die Value Map „... bricht Ihr Wertangebot herunter auf Produkte, Dienstleistungen, Problemlöser und Gewinnerzeuger. (...) Dies ist eine Liste aller Produkte und Dienstleistungen, um die sich ein Wertangebot dreht." Alexander Osterwalder, Yves Pigneur, Greg Bernarda, Alan Smith. Value Proposition Design, Campus Verlag, Frankfurt am Main 2015, S. 8. Ein Wertangebot wird damit hier als eine Liste von Produkten verstanden.

S. 46 ***Alexander Osterwalder, Profit & Impact in Harmonie bringen:*** Alex Osterwalder im November 2018 im Interview auf dem „Thinkers 50 European Business Forum" in Odense, Denmark. In diesem Interview ging er auf das Zusammenspiel von „impact" und „core business model" ein. https://youtu.be/TeJb1SfB49o

S. 56 Gleiches Zitat wie S. 43. ebd.

Kapitel 4 – Drei Fallbeispiele

S. 87 ***Zitat Dustin Fontaine:*** In einer E-Mail an uns im Februar 2019. Dustin Fontaine las unser Buch Smart Business Concepts mehrmals, bevor er STERNGLAS gründete.

Kapitel 5 – Die Magie der 3 Schichten

S. 111 ***Zitat NimbleBit***: Nicholas Lovell: The Curve, From Freeloaders into Superfans, 2013, S.193 ff.

Kapitel 6 – Marketing-System mit der Treppe

S. 124 ***Trennung Funnel und strategisches System:***
Russell Brunson, Dotcom Secrets, Morgan James Publishing, New York, 2015, S. 32.

S. 129 ***Kanal-Ansatz:*** In der englischen Ausgabe Business Model Generation (2010) dargestellt mit: „Awareness, Evaluation, Purchase, Delivery, After Sales", S. 27. In der deutschen Ausgabe (2011) mit den Begriffen „Aufmerksamkeit, Hilfe bei Bewertung, Vermittlung, Nach dem Kauf", S. 31.

Kapitel 8 – Agil für Selbstständige

S. 162 ***Double Diamond:*** Ist ein geläufiger Begriff im Design Thinking. Der Name geht auf ein Design-Prozess-Modell zurück, das vom British Design Council 2005 entwickelt wurde. Die Informationsgrafik wurde von uns erstellt. Es gibt diverse Visualisierungen zum Thema.

Bildverweis und Rechte

Wenn nicht weiter genannt, liegen bei den beschriebenen Fallbeispielen die Bildrechte der Fotos bei den dargestellten Expert*innen. Das gleiche gilt für deren Markennamen und Markenzeichen.

Fotos

S. 4 und S. 5 Fotos Bernd Oestereich und Claudia Schröder. Werkstatt für kollegiale Führung
S. 6 Foto Flipchart: Brigitte Conta Gromberg
S. 10 Foto Gruppenarbeit: Hauke Gilbert
S. 60 Foto Bibliothek: Ehrenfried Conta Gromberg
S. 65 Foto Bleistift: Yoann Siloine, Unsplash
S. 84 Foto Teresa Hertwig und Torsten Schmotz: Rechte bei den Experten.
S. 84 / 86 Fotos Uhren von STERNGLAS
S. 87 Foto Dustin Fontaine: Oliver Vonberg
S. 89 Foto Dustin Fontaine: Brigitte Conta Gromberg
S. 122 Foto Arbeit mit Arbeitsblatt: Ehrenfried Conta Gromberg
S. 140 Foto Gruppe: Ehrenfried Conta Gromberg
S. 172 Foto Deep Work: Ehrenfried Conta Gromberg
S. 190 Foto Arbeit mit Arbeitsblättern: Brigitte Conta Gromberg
S. 200 Foto Steharbeit: Brigitte Conta Gromberg
S. 210 Foto Brigitte und Ehrenfried Conta Gromberg: Hauke Gilbert
S. 212 Foto Arbeit mit Treppe: Ehrenfried Conta Gromberg

Illustrationen

Titelgrafik: Ehrenfried Conta Gromberg.
Illustrationen S. 17 / 25 / 103 / 156 / 169 Ehrenfried Conta Gromberg
unter Verwendung der Humaaans von Pablo Stanley.
S. 21 / 186: Ehrenfried Conta Gromberg
S. 35: Sketchnote von Franziska Panter
S. 126: Trichter farbig von VectorStock

Informationsgrafiken

Das Buch enthält über 100 Informationsgrafiken. Das Copyright aller nicht näher genannten Informationsgrafiken liegt bei Smart Business Concepts.

Markenrechte Produkt-Treppe®

Der Begriff ***„Produkttreppe“*** / ***„Produkt-Treppe“*** ist als Wortmarke eingetragen und darf nur für die ebenfalls geschützte Abbildung der Produkt-Treppe® genutzt werden. Andere Grafiken dürfen nicht mit der Überschrift „Produkt-Treppe“ versehen werden. Auch Kombinationen wie z.B. „Lean-Produkt-Treppe“ oder ähnlich sind nicht gestattet.

Nähere Informationen zum Gebrauch siehe: smartbusinessconcepts.de/material

solo gemacht in der Nähe von Hamburg

Wie wir produzieren

Gedruckt in Deutschland. Gelagert in Deutschland. Gearbeitet im Home-Office.

Wasser kompensiert

Klimawandel hat nicht nur mit CO_2 zu tun. Aus diesem Grund kompensieren wir zusätzlich auch den Wasserverbrauch. Wir haben für diese Auflage einen Wasserverbrauch von 20.000 Litern zu Grunde gelegt und zur Kompensation eine Spende an *PLANT-MY-TREE*® überwiesen. *PLANT-MY-TREE*® pflanzt in Deutschland Bäume.

plant-my-tree.de

CO_2 kompensiert

Die bei der Produktion dieses Buches freigesetzten CO_2-Emissionen wurden ausgeglichen. Wir haben bewusst in einer Druckerei gedruckt, die viel Wert auf Nachhaltigkeit legt. Unter anderem wurden die Emissionen dieses Buches berechnet und kompensiert. Das Geld ging an ein Projekt, das auf die Finanzierung über Emissionszertifikate angewiesen ist. Es genügt international anerkannten Standards und unterliegt einer regelmäßigen Prüfung. Außerdem wurde zusätzlich noch ein Baum in Deutschland gepflanzt. Mehr Informationen unter:

climatepartner.com/13493-2409-1010

Zertifiziertes Papier

Alle in diesem Buch verwendeten Papiere sind FSC®-zertifiziert. Sie stammen aus Wäldern, die gemäß den Prinzipien des FSC® verantwortungsvoll bewirtschaftet werden.

fsc-deutschland.de

Wasser kompensiert

CO_2 kompensiert

SMARTBUSINESSCONCEPTS

Smarte Geschäftskonzepte mit der Produkt-Treppe®

Think Smart Newsletter

Auf dem Laufenden bleiben.
Tipps, alle Termine, neue Materialien.

smartbusinessconcepts.de/newsletter

Smart Business Intensivgruppe

Begleitet, zusammen mit anderen an der eigenen Produkt-Treppe® feilen und neue Ideen entwickeln.

smartbusinessconcepts.de/intensivgruppe

Smart Business Meisterklasse

Zeit für das eigene Meisterbild.
Die wichtigen Dinge zusammenbringen.

smartbusinessconcepts.de/meisterklasse